趣味科学丛书

趣味数学全集

上

［俄］别莱利曼⊙著

余　杰⊙编译

天津出版传媒集团

天津人民出版社

图书在版编目（CIP）数据

趣味数学全集：全三册 / （俄罗斯）别莱利曼著；
余杰编译 . -- 天津：天津人民出版社，2020.8
（趣味科学丛书）
ISBN 978-7-201-13986-9

Ⅰ . ①趣… Ⅱ . ①别… ②余… Ⅲ . ①数学—普及读
物 Ⅳ . ① O1-49

中国版本图书馆 CIP 数据核字 (2019) 第 273050 号

趣味数学全集：全三册
QUWEI SHUXUE QUANJI : QUANSANCE

出　　版　天津人民出版社
出 版 人　刘　庆
地　　址　天津市和平区西康路 35 号康岳大厦
邮政编码　300051
邮购电话　（022）23332469
网　　址　http://www.tjrmcbs.com
电子邮箱　reader@tjrmcbs.com

责任编辑　李　荣
装帧设计　同人文化传媒

制版印刷　香河利华文化发展有限公司
经　　销　新华书店
开　　本　787 毫米 × 1092 毫米　1/16
印　　张　59
字　　数　898 千字
版次印次　2020年8月第1版　2020年8月第1次印刷
定　　价　148.00 元（全三册）

序 言

雅科夫·伊西达洛维奇·别莱利曼

雅科夫·伊西达洛维奇·别莱利曼（1882—1942），出生于俄国的格罗德省别洛斯托克市。他出生的第二年父亲就去世了，但在小学当教师的母亲给了他良好的教育。别莱利曼17岁就开始在报刊上发表作品，1909年大学毕业后，便全身心地从事教学与科普作品的创作。

1913年，别莱利曼完成了《趣味物理学》的写作，这为他后来完成一系列趣味科学读物奠定了基础。1919—1929年，别莱利曼创办了苏联第一份科普杂志《在大自然的实验室里》，并亲自担任主编。在这里，与他合作的有多位世界著名科学家，如被誉为"现代宇航学奠基人"的齐奥尔科夫斯基、"地质化学创始人"之一的费斯曼，还有知名学者皮奥特洛夫斯基、雷宁等人。

1925—1932年，别莱利曼担任时代出版社理事，组织出版了大量趣味科普图书。1935年，他创办和主持了列宁格勒（现为俄罗斯的圣彼得堡）趣味科学之家博物馆，广泛开展各项青少年科学活动。在第二次世界大战反法西斯战争时期，别莱利曼还为苏联军人举办了各种军事科普讲座，这成为他几十年科普生涯的最后奉献。

别莱利曼一生出版的作品有100多部，读者众多，广受欢迎。自从他出版第一本《趣味物理学》以后，这位趣味科学大师的名字和作品就开始广为流传。他的《趣味物理学》《趣味几何学》《趣味代数学》《趣味力学》《趣味天文学》等均堪称世界经典科普名著。他的作品被公认为生动有趣、广受欢迎、适合青少年阅读的科普读物。据统计，1918—1973年间，这些作品仅在苏联就出版了449次，总印数高达1 300万册，还被翻译成数十种语言，在世界各地出版发行。凡是读过别莱利曼趣味科学读物的人，总是为其作品的生动有趣而着迷和倾倒。

别莱利曼创作的科普作品，行文和叙述令读者觉得趣味盎然，但字里行间却立论缜密，那些让孩子们平时在课堂上头疼的问题，到了他的笔下，立刻一改呆板的面目，变得妙趣横生。在他轻松幽默的文笔引导下，读者逐渐领会了深刻的科学奥秘，并激发出丰富的想象力，在实践中把科学知识和生活中所遇到的各种现象结合起来。

别莱利曼娴熟地掌握了文学语言和科学语言，通过他的妙笔，那些难解的问题或原理变得简洁生动而又十分准确，娓娓道来之际，读者会忘了自己是在读书，而更像是在聆听奇异有趣的故事。别莱利曼作为一位卓越的科普作家，总是能通过有趣的叙述，启迪读者在科学的道路上进行严肃的思考和探索。

苏联著名科学家、火箭技术先驱之一格鲁什柯对别莱利曼有着十分中肯的评论，他说，别莱利曼是"数学的歌手、物理学的乐师、天文学的诗人、宇航学的司仪"。

目　录

趣味数学

趣味数学思考题

趣味代数学

趣味魔术与数学故事

趣味几何学

趣味数学

第一章

早餐时的解题游戏

1. 松鼠的后背

疗养院里的人们围在餐桌旁，一边吃早餐一边闲聊。一个人说："我今天早上和松鼠玩儿捉迷藏游戏了。"

大家很感兴趣地问："真的？"

"当然。"那个人说，"林子里不是有一块草地吗？圆形的，草地中间是一棵白桦树。我一走到草地上，立刻就发现了它。它正躲在白桦树的树干后面，用那双机灵的大眼睛望着我呢。我想绕到它的背后去，这样就能完整地看到它了。所以我没有急于靠近它，而是小心翼翼地沿着草地的外围绕过去。这只松鼠可真是一只机灵鬼！它的眼睛始终紧紧地盯着我，当我绕到树干的另一边时，它也顺着树干溜到了相反的一侧。所以我围着白桦树足足转了四圈，也没能绕着松鼠转上一圈。"

有个人提出了疑问："你不是绕着树转了四圈吗？松鼠在树上啊！怎么说没能绕着松鼠转上一圈呢？"

"我是围着树转了四圈，不是围着松鼠！因为我一次都没有看到松鼠的后背，怎么能算是围着它绕足了不止一圈儿呢？"

"你干吗总是强调松鼠的后背？松鼠在草地的中间，你绕着草地的外围转圈，当然也就是围着松鼠转圈了，这和松鼠的后背有什么关系？"

图1 小松鼠总是溜到相反的一侧

"怎么可能没关系？你想，假如我围着你转，你却总是把脸对着我，和我一起转，我们始终面对面，我一次都没有看到你的后背，难道你觉得我是在围着你转吗？"

"当然是啊！这还用问吗？"

"哦，不！难道我一次都没绕到你背后，你却认为我围着你转圈？"

"你干吗总是没完没了地要看到后背？这件事情的重点在于你围着我转圈，而不是你要看我的后背。"

"抱歉。我想我们应该首先讨论

一下围着某物转圈的概念。我的理解是：为了能够全方位地看到某个物体而依次出现在多个不同的位置。您的意见呢，教授？"他把头转向另一位正在听他们争论的老先生。

老先生说："你们的争论，其实只是对文字理解的角度不一样罢了。在讨论某件事物的时候，应该首先统一与之相关的某一话题，换句话说，就是首先对文字理解达成统一。比如对'围绕某物转圈'的理解可以有两种：第一种是沿着一条闭合的路线移动，而物体位于这条闭合路线之内。按照这种理解，可以确定你围着松鼠转了四圈。第二种是为了看到物体的所有面而相对于物体移动。按照这种理解，你肯定始终没有围着松鼠转成一整圈。现在你们之所以产生争论，就是因为没有从同一角度出发去理解这件事。也就是说，如果你们对文字的理解是相同的，这场争论就不会发生了。"

"那么，哪一种理解是正确的？"两个争论的人问。

老先生摇摇头，说："没必要这么问，因为我们可以随便约定任何一种理解。我认为更好的问法是，大多数人更能认同哪一种理解？我个人认为，第一种理解更容易被接受。这是什么原因呢？我们大家都知道，太阳自转一周需要25个昼夜还多一点。"

"您是说，太阳本身是旋转着的？"

"当然。就像地球始终自转着一样，太阳也是绕着自己的轴旋转着的。不过，地球绕太阳旋转的速度要比太阳自转的速度慢一点，它绕太阳转一周是365个昼夜，也就是一年。可以说，在这个过程中，太阳始终是用同一个面对着地球的，而它的背面，永远也不可能面对地球，所以我们也就永远看不到。可是即使这样，难道就可以说地球没有围着太阳转吗？"

"好吧，我懂了。这么说，我的确是围着松鼠转了四圈。"

这时，有一位旁观者站起来，对大家说："现在外面正下着雨，相信没有人喜欢冒着雨散步吧？这场雨好像不会立刻停下来，不如大家一起来解几个难题，打发一下时间吧。刚才已经开了个好头，那么现在我们每个人都说一个难题好不好？就请教授为我们当法官！"

"只要不是关于代数或者几何的难题就可以。"一位姑娘首先表达了意见。

立刻有人附和："我也不想费脑筋去做代数或者几何题。"

"这样吧，我们约定一下，任何人都不准提出代数或者几何题，只能是最基础的知识，有人反对吗？"

"我同意！我来出第一道题！"有人立刻响应。

大家立刻齐声说道："太好了！那么请开始吧！"

2. 公共炉灶里的木柴

"我来说一道与郊外居民生活有关的难题。有一位女居民——我们就叫她小三儿——向公用的炉灶里放了3块自己的木柴，另一位女居民小五儿放了5块。一位叫吴材的男居民，就像你想象的那样，他没有木柴，但两位女居民同意他在公用的炉灶上做饭。饭做好后，他向这两位支付了8戈比的报酬。请问，两位女居民该怎样分这8戈比？"

出题者话音刚落，就有人脱口而出："一人一半！吴材用她们的炉火一样多！"

"我不同意！"立刻就有人提出了不同意见，"两位女居民放的木柴数量不一样，这也要考虑在内。我觉得公平的方法是分给小三儿3戈比，分给小五儿5戈比。"

"朋友们！"这时，那位发起游戏的人发言了，现在他已经被大家任命为会议主席。他说："大家可以继续思考一下。我们的法官会在晚饭的时候宣布正确答案。现在由下一位提出自己的难题。对，到你了，这位少先队员！"

3. 没有活动的夜晚

"我们学校把少先队员分为5个小队。分别是：钳工小队、木工小队、摄影小队、国际象棋小队和合唱小队。其中钳工小队每隔1天进行一次活动，木工小队是每隔2天一次，摄影小队每4天一次，国际象棋小队是每5天活动一次，合唱小队是每6天一次。1月1日，所有的小队都在学校进行第一次活动，接下来的活动日期必须严格按照计划进行。请问大家，当5个小队再一次在学校集合时，一季度还有几个夜晚没有过完？"

"你所说的这一年，是平年还是闰年？"有人首先想到了年份问题。

"平年。"少先队员回答说。

"那么第一季度一共是90天对吗？"

"当然。"

"这道难题应该再加一个问题，"法官大人——也就是老教授——发表了自己的看法，"你应该让大家再想一下，第一季度有几个夜晚没有任何小队进行活动？"

"哇！我有一个重大发现！"一个人跳起来大声说道，"这道难题里有一个圈套！"

"为什么这么说？"大家问。

"因为任何一个夜晚都没有小队活动，也不会有一个夜晚是所有小队都进行活动的呀！"那人回答。

"你是怎么得出这个结论的呢？"主席大人问道。

"我也说不上来。我就是觉得出题人故意骗我们进圈套。"

"这可不能作为解题的依据。还是让我们晚上再验证你的这种直觉吧。下一位，该你了朋友！"

4. 数行人

"有两个人，甲站在门口，乙在人行道上来回走动，他们想数出一小时内有多少人从人行道上经过他们的身边。两个人一起开始数，你们认为谁数出来的人数更多？"

桌子的另一端有人朗声说："当然在人行道上的那位数的多。"

主席大人又发话了："晚餐时宣布答案！现在，下一位！"

5. 爷孙俩

"1932年时，我的年纪恰好是我出生年份的后面两位数，这让我感到非常巧合，于是就把它说给我的爷爷听，没想到爷爷那时候的年纪和我的一样巧！这让我感到不可思议，怎么可能呢？"

"是啊，绝对不可能！"有人做出了同样的反应。

"但这的确是真的。那么，你能知道我和爷爷当时的年龄吗？"

6. 火车票

　　"我是一名卖火车票的售票员，"下一位出题者开始发言了，"大家可能以为我的工作非常简单，但你们无法想象，即使我只是一个小站的售票员，每天也要和数量庞大的车票打交道。无论乘客想要买从我所在的小站到那条铁路线上的任何一站的车票，甚至是往返的车票，都必须保证有票出售。我工作的这条铁路沿线一共有25站。请你们想一下，铁路要提前为这条路线上的所有售票口准备好多少种不同的票？"

　　"飞行员，下面的题由你来出！"主席大人下达了命令。

图2　火车站售票员

7. 直升机落在哪

　　"有一架直升机，从列宁格勒出发，向北直飞了500千米，然后它转头向东，又直飞了500千米，接下来它再次转向，这一次是向南直飞了500千米，最后转头向西，又直飞了500千米后，它降落了。现在请大家想一想，这架直升机是在列宁格勒的东、南、西、北哪个方向降落的？"

　　"你以为我们都是弱智吗？"有人不高兴了，"向前、右、后、左各走500步，肯定要回到原点啊！"

　　"那你觉得飞机应该落在哪了？"飞行员问。

　　"当然是列宁格勒机场，它就是在那起飞的。难道不对吗？"

　　"是啊，你真的说错了。"

　　"这怎么可能？"

　　旁边的一位忍不住插了嘴："这道题还真是有些奇怪。难道飞机不是降落在列宁格勒机场？不然……请您再把题目重复一遍好吗？"飞行员当然是愿意满足他的愿望的。

　　在座的人们听完后，并没有受到更多的启发，仍旧面面相觑。

　　"这道题暂时就到这里吧，"主席打破了这个尴尬的局面，"反正要到晚饭的时候才公布答案，大家还有时间思考。下一道题开始吧！"

8. 影子的宽度

　　"现在轮到我了。希望飞行员同志同意我借用一下刚刚这道关于直升机的题目，"新的出题人说，"我的问题是：直升机和它的影子相比，哪个更宽？我的问题问完了。"

　　"阳光是呈扇形散开的，所以肯定是直升机的影子更宽。"一个有依据的答案立刻出现了。

　　"我不这么认为，"反对者的话似乎也有道理，"事实上阳光是平等的，所以直升机和它的影子宽度是一样的。"

　　"你怎么会有这种想法？你没见过躲在云彩后面的太阳散发出的耀眼光芒吗？这难道不足以说明阳光是分散的吗？云彩的影子比云彩大得多，直升机的影子也应该比直升机大得多！"最早给出答案的人激动地展开了辩论。

　　"你要知道，阳光是平等的，这对于所有人来说都是一个常识，水手、天文工作者……任何人，都是这么认为的。"反对者据理力争。

　　主席大人及时请下一位出题人上场，有效地避免了一场激烈的争吵。

9. 三堆火柴

　　这位出题人将一盒火柴倒在了桌面上，并分成了3个小堆。

　　"这是要开篝火晚会吗？"有人开起了玩笑。

　　"这道题与火柴有关，"出题人开始发言了，"这盒火柴一共有48根，我把它们分成了三堆，我想请大家猜一下每堆有几根。这里有一些提示：如果我从第一堆火柴里拿出和第二堆相等数量的火柴放入第二堆，再从第二堆火柴里拿出和第三堆数量相等的火柴放入第三堆，再从第三堆火柴里取出和第一堆数量相等的火柴放入第一堆，就能使三堆火柴的数量相等。那么，现在请回答我刚刚分出的这三堆火柴各有几根？"

10. 神奇的树桩

　　现在轮到摆火柴那位的邻座了。他说："很久以前，我在乡下的时候，村子里住着一位数学家，他曾给我出过一道难题。事实上，这听起来更像是一个有趣的故事。

　　"有一位农民，他在树林里偶遇一位老者。老者上下打量了他一番，对他说：'你知道这个林子里有一个能给穷人帮忙的神奇树桩吗？'

　　"农民听了很感兴趣：'帮什么忙？治病？'

　　"'哦不，那倒不是。它对治病不在行。它的本领是能帮穷人把手里的钱成倍地增加。如果你愿意，可以把你的钱包放在树桩下。然后在旁边数100个数，这就行了！你的钱会变成原来的两倍！就是这么神奇！'

　　"农民向往极了，他迫不及待地说：'我现在就能见识一下吗？'

　　"'可是你的钱包里有钱吗？而且做这件事是需要支付一些报酬的。'

　　"'要多少钱？向谁支付报酬？'农民问。

　　"'当然是向为你指路的人支付报酬，也就是付钱给我。至于给我多少钱，我们可以商量。'老者回答。

　　"贫穷的农民钱包里的钱少得可怜，经过一番讨价还价，两人商定农民的钱每翻倍一次，就向老者支付1卢比20戈比的报酬。

　　"然后农民跟在老者的身后，在森林深处绕来绕去，最后走进了一片灌木丛，并从中看到了一个裹满青苔的老树桩。

　　"老者把农民的钱包塞到树桩下，两个人便开始站在一旁数数，一直数到100。数完后，老者负责再把钱包取出来。他在树桩下摸索了很久，终于摸出了那个钱包。农民打开钱包一看，简直惊呆了！钱真的变成了两倍！这简直太神奇了！农民兴奋极了，他赶忙从钱包里取出1卢布20戈比给了老者，并急切地请求他帮忙把钱包再放到树桩下。

　　"这一次他们又数了100个数，老者又在树桩下摸索了很久，钱包里的钱再次翻了一倍！当然，老人又赚到了1卢布20戈比。

　　"农民已经无法控制自己对钱的欲望，所以他们第三次把钱包塞到树桩下，钱包里的钱果然又变成两倍了。但当农民从钱包里取出了要付给老者的1卢布20戈比之后，却发现里面已经连1个戈比也没有了。

　　"农民的钱包空了，无法再继续下去，垂头丧气地离开了灌木丛。

"树桩真的那么神奇，可以把钱包里的钱翻倍吗？这当然是不可能的，否则那老者就不必每次都在树桩下面摸索许久了。而我想问的是另外一个问题：这个倒霉的农民在试验神奇的树桩之前，钱包里有多少钱？"

11. 关于12月的题目

现在轮到一位语言学家出题了，他首先声明自己的专业与数学无关，所以他不可能出数学题。

"这是一道关于日历的题目。"他说，"俄语的12月这个词本身的意思是什么呢？它是由希腊语发展而来的，希腊语这个词的意思是10，都是这样发展而成的。所以我们的12月这个词，它的本意是第10个月。这让人有些捉摸不透，为什么会有这种不同呢？"

"最后一位朋友，现在该你了！"主席说。

12. 变魔术

"由我来出最后一道题。我准备了一道与众不同的题目——变魔术，我的要求就是请大家找出魔术中的秘密。

现在，我想请主席大人配合我，请您在纸条上写一个三位数，随便写什么都好，请不要向我展示。"

"可以写0吗？"

"任何数字都可以。"

"好的，写完了，然后呢？"

"在您写好的三位数后面，把这个三位数再写一遍好吗？让它变成一个六位数。"

"好了，现在它是六位数了。"

"请您把它递给随便哪一位，最好是离我的座位远一点儿的朋友。请他把纸上的六位数用7除尽，并把得数写在另一张纸条上。"

"不要那么自信，万一除不尽呢？"接到纸条的那个人说。

"肯定可以整除的，不会有余数。"出题者胸有成竹。

"你可真会说大话，"那人一边计算一边唠叨，"……好吧，你可真走运，真的除尽了。"

　　"那就把您的得数传给您旁边的那位吧。请他把您的得数用11除尽，答案不要告诉我，还是写在新的纸条上。"

　　"你认为还能说得准？"刚刚接到纸条的人对他持怀疑态度。

　　"肯定可以被11除尽的。"出题者依旧一副胸有成竹的样子。

　　"简直不可思议，真的被11除尽了！"

　　"那么请把你的答案传给别人吧，然后用13除尽。"

　　"这一次你的运气可不一定会那么好，"最新接到纸条的人说，"毕竟极少有能被13除尽的数字……呃，不过，还是你对了，真的除尽了，你简直遇到了幸运之神。"

　　"好了，请把您的纸条折好给我，别让我看到您的答案。"

　　出题者接过折好的纸条，直接转交给了主席大人："请您看看这个数。"

　　主席打开纸条看了看，吃了一惊："天！这正是我选的数啊！太令人吃惊了……好吧，现在出题结束。很高兴外面的雨已经停了。大家可以把刚刚这些题目的答案写在纸上，在晚饭前交给我。晚饭后我们会宣布所有答案！就到这里吧。"

揭秘：你的答案正确吗

1. ☆松鼠的后背

这道题我们已经在前面分析过，这里就不重复了。

2. ☆公共炉灶里的木柴

如果你认为吴材支付的8戈比是8块木柴的价钱，或者说1戈比买1块木柴，那你就错啦！3个人共用了这8块木柴烧热的炉灶，每个人用的炉火量一样多，吴材付出的8戈比是他个人所用炉火的价钱。因此8块木柴的总价应该是8×3=24戈比，1块木柴的价格就是24÷8=3戈比。

那么小三儿和小五儿如何分配8个戈比呢？小三儿的3块木柴价值3×3=9戈比，但她不能拿这么多，因为她自己也用了一份价值8戈比的炉火，所以小三儿应该拿到的钱数是9-8=1戈比。小五儿的5块木柴价值3×5=15戈比，扣除她个人用掉的8戈比炉火钱，她可以拿到15-8=7戈比。

正确的分配是：小三儿分得1戈比，小五儿分得7戈比。

3. ☆没有活动的夜晚

根据题意可知：钳工小队每2天活动一次，木工小队每3天活动一次，摄影小队每4天活动一次，国际象棋小队每5天活动一次，合唱小队每6天活动一次。2、3、4、5、6的最小公倍数是60，也就是说，第61天是5个小队下一次在学校集中活动的日子。在这之前的任何一天都不可能，这之后的再下一次又是60天之后，那已经是第二个季度了。所以第一季度只能有一个5小队同时集中在学校活动的晚上。

法官大人补加的问题——第一季度有几个夜晚没有任何小队进行活动，回答起来就要麻烦些。你可以拿出一张纸，按顺序写上从1到90的所有数字，代表第一季度的90天。然后划掉每2天活动1次的钳工小队的活动日；再划掉每3天活动1次的木工小队的活动日；然后是每4天活动1次的摄影小队、每5天活动一次的国际象棋小队、每6天活动一次的合唱小队的活动日。最后看看这90个数字，你会发现，没有被划掉的日子一共是24天——1月份8天，2月份7天，3月份9天。

4. ☆数行人

甲和乙数出来的行人数一样多。站在门口的甲可以数出从两个方向经过他身边的人数，在人行道上来回走动的乙数出的人数是迎面走来的人数的2倍。这两个数一样多。换一种思考方法：每个从不同方向经过甲身边的行人在经过人行道时都遇见了乙，因此每次乙走到甲面前时，他们数到的人数都一样多。这种情况一直持续了一个小时才结束，当他们最后一次碰面时，两人说出的人数仍然是相同的。

5. ☆爷孙俩

这道题给人的第一感觉似乎是爷孙俩同龄，这当然不可能。孙子出生于20世纪，他的出生年份前两位是19，后面的两位数与他在1932年时的年龄相等，并且两数之和是32，可见孙子出生于1916年，在1932年时他恰好16岁。爷爷出生于19世纪，他的出生年份前两位应该是18。在1932年时，他的年龄与他的出生年份后两位数相等，并且和为132。因此爷爷出生于1866年，132÷2=66，在1932年时他恰好66岁。你看，爷孙俩在1932年时的年龄的确分别与他们出生年份的后面两位数是相等的。

6. ☆火车票

这条铁路沿线上共有25个站点，每一站上车的每一位乘客都可能去其他24个站点中的任何一站，必须准备25×24=600种不同的车票才可以满足他们的需求。但售票口同样出售返程车票，因此要为可能去往相反方向的乘客准备同样的票数。那么铁路部门要提前为这条路线上的所有售票口准备好的车票就是600×2=1 200种。

7. ☆直升机落在哪？

这道题并不矛盾。我们不能把直升机的飞行路线想象成正方形，因为要同时考虑到地球是一个球体，越往北，经线间的距离就越小。所以当直升机从列宁格勒机场起飞，向正北沿所处经线飞行500千米，然后向东、向南各飞了同样的距离，重新回到列宁格勒机场所处纬度，向西做500千米的返回飞行时，由于角度的偏差，它已经无法回到原点，其落点是列宁格勒偏东的位置（如图3所示）。那么直升机的落点究竟向列宁格勒以东偏离了多远的距离？我们可以计算一下。

我们来看一下图3。图中的点N是北极，所有的经线在北极点相交，这是一个常识。接下来，$ABCDE$是直升机的飞行路线。AB与CD是两条经线，它们相交于N。直升机从A点起飞，沿经线AB向北飞行500千米，经线的度值是111千米，500千米包含的度数是$500：111≈4.5°$。列宁格勒所处的纬线是$60°$，点B所处的纬线就是$60°+4.5°=64.5°$。在点B飞机转头，沿着$64.5°$纬线向东飞了500千米到点C，从相关的数值表里我们可以知道这个纬度上的度值大约是48千米，所以飞机向东飞的度数应该是$500：48=10.4°$，也就是飞到了距离列宁格勒所在经线偏东$10.4°$的另一条经线上。在点C飞机再次转头，沿着这条经线向南飞了500千米到点D，重新回到了列宁格勒所在的$60°$纬线上。在D点，飞机最后一次转向，沿着$60°$纬线向点A所在的西方飞了500千米，落在点E。纬线AD与纬线BC所包含的度数是同样的$10.4°$，但$60°$纬线上每$1°$就有55.5千米长，由此可以计算出，AD间的距离是$55.5×10.4≈577$千米，这个数大于500千米，显然ED间的长度小于AD。

现在你可以知道，飞机不可能回到列宁格勒机场，它降落时距离列宁格勒机场还有77千米，这个位置在拉多加湖上空，它降落在了水面上！

8. ☆影子的宽度

大家的讨论有些偏离正轨。首先，射到地球上的太阳光并非明显分散。地球与太阳之间的距离非常大，与此相比，地球渺小至极。在这种情况下，照射到地球表面某一部分的太阳光分散的角度几乎无法察觉，因此完全可以被看作是平行光线。而当太阳躲在云彩后面，我们看到的扇形散开的太阳光呈现出透视的效果，也并未变大。

在透视图中看平行线，会让你联想到无限伸向远方的铁轨，或者长长的望不到尽头的小路，都是呈收敛状的。

太阳光以平等光线射到地球上，并不能作为判断直升机的完整影子的宽度与机体自身的宽度相等的理由。请注意观察图4，你会发现完整的飞机影子在朝向地球的方向越来越窄，所以它投到地球表面的影子也比飞自身的宽度窄，也就是说图中的$CD<AB$。

那么CD比AB窄多少？我们假设飞机的飞行高度是100米。直线AC和BD之间的夹角与在地球上看太阳时的视角相等，像你所知道的那样，这个角度大约是0.5°。同时我们也很清楚，以0.5°的视角所看的任何物体与我们的眼睛之间的距离，都是该物体直径的115倍。那么图4中，人在地球表面以0.5°视角看到的线段MN，就等于AC的$\frac{1}{115}$。点与直线之间垂线段最短，因此点A到地面的垂直距离肯定短于AC的长度。假设阳光与地面夹角是45°，那么当飞机飞行高度为100米时，AC间的距离约为140米，MN的长度就是$\frac{140}{115}\approx1.2$米。图中的线段$MB$是飞机的自身宽度比影子宽度多出的部分，$\angle MBD$基本上等于45°，因此线段$MB$的长度是$MN$的1.4倍，即$MB=1.2\times1.4=1.68$米。也就是说，$CD$比$AB$窄了近1.7米。

图4　直升机的影子变化

但请注意，我们所指的完整的飞机影子，是指黑色的、完全清晰的影子，不包括所谓的半影或不清晰的、模糊的影子。

上面的计算结果还向我们证明了另一个结论，那就是如果把位于该位置上的直升机换成一个直径小于1.7米的探测气球，我们只可能看到它模糊的半影，因为地面上不可能出现它的完整的投影。

9. ☆三堆火柴

这道题我们可以用最后的结果向前面推算。完成全部移动的操作之后，我们眼前的三堆火柴的数量是完全相等的，我们知道总数是48根，那么每堆火柴就是16根。即：第一堆16根、第二堆16根、第三堆16根。

现在向前考虑最后一次的移动。即"从第三堆火柴里取出和第一堆数量相等的火柴放入第一堆"，由此可以知道，在移动这一步之前，第一堆的火柴数应该是移动后的 $\frac{1}{2}$，也就是 $16 \times \frac{1}{2} = 8$ 根，第三根火柴数应该用移动后的数字加上8，也就是16+8=24根。三堆火柴的数量变成了：第一堆8根、第二堆16根、第三堆24根。

"从第二堆火柴里拿出和第三堆数量相等的火柴放入第三堆"，那么在移动这一步之前，第三堆火柴应该是移动后的 $\frac{1}{2}$，也就是 $24 \times \frac{1}{2} = 12$ 根，而第二堆里要加上这个数字。三堆火柴的数量变成了：第一堆8根、第二堆16+12=28根、第三堆12根。

第一步的计算方法就简单了，你可以自己试试。

最初的分出的三堆火柴的数量已经出现：

第一堆22根，第二堆14根，第三堆12根。

10. ☆神奇的树桩

这道题也可以用最后的结果向前面推算。钱包里的钱一共翻倍了三次，第三次翻倍后的钱数是1卢布20戈比，这些钱全部给了那位老者。

那么在第三次翻倍前钱包里有多少钱呢？肯定是1卢布20戈比的一半，也就是60戈比，这是第二次向老者支付了1卢布20戈比后剩下的，在

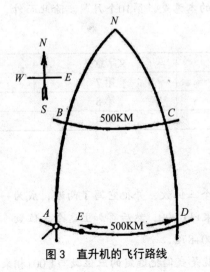

图3 直升机的飞行路线

支付之前，总钱数是60戈比+1卢布20戈比=1卢布80戈比。这也是第二次翻倍后钱包里的钱数。

第二次翻倍前呢？钱包里有90戈比，这是第一次向老者支付1卢比20戈比剩下的，在支付之前，总钱数是90戈比+1卢布20戈比=2卢布10戈比。这也是第一次翻倍后钱包里的钱数。

第一次翻倍之前，也就是农民在参加这令人哭笑不得的神奇树桩游戏之前钱包里原有的钱数，是2卢布10戈比的一半，也就是1卢布5戈比。

这个答案是否正确呢？让我们再从前向后验证一下。

时间	钱数
第一次翻倍后	1卢布5戈比 ×2=2卢布10戈比
第一次支付酬金后	2卢布10戈比 −1卢布20戈比 =90戈比
第二次翻倍后	90戈比 ×2=1卢布80戈比
第二次支付酬金后	1卢布80戈比 −1卢布20戈比 =60戈比
第三次翻倍后	60戈比 ×2=1卢布20戈比
第三次支付酬金后	1卢布20戈比 −1卢布20戈比 =0戈比

11. ☆关于12月的题目

苏联历法来自于古罗马历法。在尤里·采扎里之前，罗马人认为一年的开始是3月1日，所以我们现在的12月，只是当时古罗马历的第10个月。后来年初变成了1月1日，每个月份的名称却原封不动地使用了下来，这就是为什么"12月"的本意是"第10个月"。除此而外，下面这几个月份也有同样的特点：

俄文月份名称	文字意义	实际代表月份
Сентябрь	第7	9月
Октябрь	第8	10月
Ноябрь	第9	11月

12. ☆变魔术

我们选定了一个三位数，并把它写了两遍，成为一个六位数。这相当于把选定的三位数乘以1 000，然后再加上这个三位数。比如：

872 872=872 000+872。

说得简单些，就是我们把选定的三位数与1 001相乘了。

然后我们是如何对待这个六位数的呢？让它分别被7、11和13整除。事实上7×11×13=1 001，也就是说，我们做的这一切，只是为了让它被1 001整除。

因此真相是：我们用选定的三位数乘以1 001，再用乘积除以1 001。

经过这样的计算，最后的得数恰好是我们选定的三位数，这有什么值得惊奇的呢？

** ** ** ** **

在这一章结束之前，我还有三个数学魔术要讲给你们，两个是猜数魔术，一个是猜主人。相信它们一定会是你和朋友打发空闲时间的好帮手。这些魔术并不是新出现的，因此你们可能很早就听说过，但好在并非所有人都明白其中的缘由。没有足够的魔术理论知识，是无法有意识、有把握地完成它们的。

下面就开始吧。

13. 缺失的数字

请你的一位朋友来帮忙，让他在心里随便想一个多位数，比如847，当然，这个数字只能他在心里想，不能告诉你。

接下来你请他将这个数各数位上的数字相加，再用他想的那个数字减去刚刚求出的这个和。按照我们刚才的假设，你的朋友应该在心里做出这样的计算：

$$847-（8+4+7）=847-19=828$$

你可以要求他在计算出来的得数中随便去掉任何一个数位上的数字，然后把剩下的数字告诉你。

现在，你不知道他最初选定的数，也不知道他去掉了哪个数字，但你能立刻说出他去掉的数字。是不是很神奇？这是怎么做到的？

很简单。将朋友告诉你的那些数字相加，然后你判断一下，大于这个和，并且距离它最近的能被9整除的数是什么，在这个数中减掉这个和，得出的数字就是被他去掉的数字。

比如朋友计算出的828，他去掉了前面数位上的8，将剩下的2和8告诉了你。你的思路应该是这样的：2+8=10，大于10，并且距离10最近的9的倍数是18，18-10=8，被去掉的数字肯定就是8。

你一定还会问为什么，其实原因很简单：用一个数减去它各数位上的数字之和时，得出的结果一定能被9整除。

为了证明这一点，我们来做一个假设。假设有一个数，百位上的数字是a，十位上的数字是b，个位上的数字是c，这个三位数可以表示为：$100a+10b+c$。它的各数位上的数字之和是：$a+b+c$。用这个数减去它的数字之和：

$$100a+10b+c-(a+b+c)=99a+9b=9(11a+b)$$

这个得数无疑可以被9整除。可见我们的判断依据是成立的。

当然在你与同伴合作的过程中难免会出现一些意外，比如他告诉你的数字是4和5，它们的和本身就是9的倍数。这时候该怎么办？很简单，告诉他，被他去掉的数字是0或9。

我们可以对这个魔术进行一些变形。比如不用选定的数减去它的数字之和，而是先将这个数的数字重新排位，然后求出选定的数与新排出的数之差（大数减小数）。

比如朋友选定的数是8 247，重新排列出的数字是2 748，大数减小数，得出的差是8 247－2 748＝5 499。他在心里去掉这个差中的一个数字，比如去掉4，然后将剩下的5、9、9告诉你。你就可以先计算出5＋9＋9＝23，然后很容易地判断出，大于23并且能被9整除的最小数是27，27－23＝4，被去掉的数字一定是4。

14. 答案早知道

请朋友随便选一个三位数，前提是这个数的末位不是0，首、末位数字之差不能比2小。先把这个三位数的首、末位数字互换，变成一个新的三位数，用大数减小数的方法，计算出两个三位数的差。然后将组成这个差的数字颠倒位置，与原差相加。

他不必告诉你任何一步的答案，你也不必问，等他计算完，你首先报出一个数给他。相信我，他一定会吃惊的，因为你报出的数绝对和他的最终计算结果是一样的。

假设你的朋友选定的三位数是467，他的计算过程是这样的：

$$
\begin{array}{cccc}
467 & 764 & \begin{array}{r} 764 \\ -467 \\ \hline 297 \end{array} & \begin{array}{r} 792 \\ +297 \\ \hline 1\ 089 \end{array}
\end{array}
$$

而他得到的这个1089，就是你所报出的数字。你是怎么在一无所知的情况下做到的？我们来分析一下。

假设用a、b、c来表示这个数各数位上的数字，且a与c的差不小于2，$c \neq 0$。这个数为：$100a+10b+c$。

首、末位数字互换后得到的新三位数为：$100c+10b+a$。

两数之差为：$99a-99c$。

我们对这个差数进行一些运算：

$$99a-99c=99(a-c)$$
$$=100(a-c)-(a-c)$$
$$=100(a-c)-100+100-10+10-a+c$$
$$=100(a-c-1)+90+(10-a+c)$$
$$=100(a-c-1)+10 \times 9+(10-a+c)$$

这样看起来，这个差就变形成一个百位为"$a-c-1$"，十位为9，个位为"$10-a+c$"的三位数了。

数位颠倒后，得到的新数为：$100（10+c-a）+10×9+（a-c-1）$。

将两个数相加：

$100（a-c-1）+10×9+（10-a+c）+100（10+c-a）+10×9+（a-c-1）$

解得结果为：$100×9+180+9=1\ 089$。

现在你应该很明白了，无论数字a、b、c为何数，或者说无论你选定的三位数为何数，经过你所引导的那番运算之后，其结果都是1 089。那么一无所知又有什么关系呢？反正答案是早就确定了的。

当然，同样的魔术对一位朋友表演一次就够了，否则会穿帮的哦。

15. 朋友的选择

准备一支铅笔、一把钥匙和一把卷笔刀，再准备一个盘子，里面放24个核桃，当然棋子、火柴什么的都可以，只要是24个，并且与前面准备的三个小物件不一样。

请你的三位朋友协助你完成这个魔术。你交代他们在你出去后，每人从铅笔、钥匙和卷笔刀中任选一个放进自己的口袋，然后你离开房间。

你得到他们完成的信号，返回房间，从盘子里拿出1个核桃交给第一位朋友，交给第二位朋友2个核桃，第三位朋友3个。你再次交代他们在你出去后，每人再从盘子里拿几个核桃，其中刚刚选择了铅笔的人要拿的核桃数应与手中已有的核桃数相等，选择了钥匙的人要拿的应是手中已有的核桃数的2倍，选择了卷笔刀的人要拿的应是手中已有核桃数的4倍，剩下的核桃不要动。然后你再次离开房间。

他们完成后会提示你返回，当你进入房间时，只要看盘子一眼，就能立刻分辨出选择了铅笔、钥匙和小刀的人分别是谁。

这个魔术里面丝毫没有欺骗，这完全是计算的结果。你唯一的线索是盘子里剩下的核桃数，除此之外没有任何提示或者暗示。当然，盘子里剩下的核桃是1至7个，但怎样据此找出三件物品的持有者呢？

这并不难，剩余的核桃数与物品的分配方式之间有着对应的关系。我们假设你的三位朋友是弗拉基米尔、格奥尔吉和康斯坦丁，你亲手交给他们的核桃数分别是1个、2个和3个。现在我们用F、G、K来代表他们，并用

a代表铅笔，b代表钥匙，c代表小刀，三个人分配三件物品的方式有且只有下面六种：

分配方式	F	G	K
一	a	b	c
二	a	c	b
三	b	a	c
四	b	c	a
五	c	a	b
六	c	b	a

接下来我们要判断不同的核桃余数与哪种分配方式相对应：

分配方式	每人手中的核桃数	盘中剩余核桃数
一	1+1=2；2+4=6；3+12=15	1
二	1+1=2；2+8=10；3+6=9	3
三	1+2=3；2+2=4；3+12=15	2
四	1+2=3；2+8=10；3+3=6	5
五	1+4=5；2+2=4；3+6=9	6
六	1+4=5；2+4=6；3+3=6	7

可见，只要你知道了盘中剩余的核桃数，就可以确定对应的分配方式，这就很容易知道三件物品分别在哪位朋友身上了。假设盘子里剩余的核桃数是5，它对应的是第5种分配方式，也就是bca，这意味着弗拉基米尔选择了钥匙，格奥尔吉选择了卷笔刀，康斯坦丁选择了铅笔。

你两次离开房间，在外面要把每种分配方式以及对应的剩余数字抓紧复习一下，这会使你在公布答案时更有信心。当然在这之前，你要牢记自己分别把1个、2个和3个核桃发给了谁。这需要你提前就把表格画好，并且把朋友的名字排好顺序。

第二章

游戏中的数学

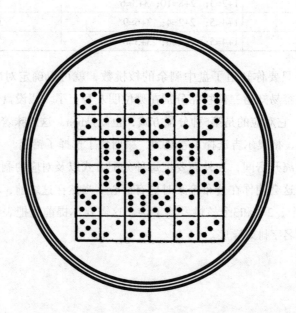

1. 完整的骨牌链

按照游戏的规则能把28张骨牌连接成完整的链条，这是为什么？

2. 骨牌链的头与尾

假如我们在把一副骨牌连接成链时，使首端的点数为5，那么这条骨牌链尾端的点数为几？

3. 骨牌魔术

你的朋友似乎是一位高手，他从你的28张多米诺骨牌中拿走一张，留下27张给你，让你连接成一条完整的链条。他甚至说，无论他拿走哪一张，你都可以把剩下的连接起来。然后，他就离开了房间。

尽管不相信，你还是尽量试着去操作，出乎意料的是，你居然做到了！然后你呼唤他回到房间里来，但更惊讶的事情出现了，他居然看也没看就说出了那条骨牌链的首尾点数！

这简直不可思议？他为什么能确定随便用27张牌就能连接成完整的链条？他怎么会看也不看就知道首尾点数？

4. 多米诺方框

将一副多米诺骨牌按照游戏规则摆成如图5所示的正方形框。正方形的四边长度相等，其中上边和左侧边的点数之和均为44，另外两条边上的点数之和是59和32。

你能否试着用一副多

图5 多米诺骨牌的排列

米诺骨牌摆出一个四边上的点数之和均为44的正方形框?

5. 七个正方形

在图6中，4张多米诺骨牌摆成了一个正方形，并且每条边上的点数之和都是11。

现在给你一整副骨牌，要求你摆出7个正方形，并且每个正方形各条边上的点数之和相等，但并不要求所有正方形各条边上的点数之和都相等。

你能做到吗?

图6　四张骨牌的排列

6. 神奇的大正方形

图7所示的是由18张多米诺骨牌摆成的大正方形。这个大正方形有一个神奇的特点，那就是它的任意一条线，无论是横线、竖线还是对角线，它们的点数之和都是一样的：13。

请你也用18张骨牌摆出几个有这种神奇特点的大正方形，当然你的正方形的任意一条线上的点数之和必须有所创新，我们的要求是不小于13，并且不大于23。

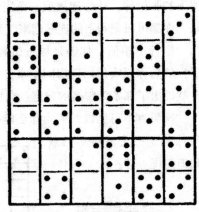

图7　18张骨牌的排列

7. 骨牌数列

用6张多米诺骨牌按照游戏规则摆出如图8所示的图形，你会发现，每张骨牌两个半面上的点数之和以每次增加1点的规律形成一个数列。这个数列是：4，5，6，7，8，9。

像这种每次按照相同数值递增或

图8　6张骨牌的排列

者递减的数列叫等差数列。这个差值可以是上例中的1，也可以是其他任何数值。

需要你来做的是：用6张骨牌再摆出几个数列来。

8. 风靡世界的棋子

装有15个方形棋子的小匣子看上去似乎很普通，但几乎所有的玩家都能对你历数它曾经的辉煌，作为一种令人着迷的数学游戏，它曾在很多国家风靡一时。

图9　被称为"灾难"的游戏道具

德国游戏研究者、数学家弗·阿伦斯曾对这段历史做过描述："15个方形棋子游戏出现于19世纪70年代的美国，无数的游戏玩家为它痴迷，它的流行速度之快，令整个社会震惊，甚至成为社会的灾难。"

这场"灾难"同样席卷了位于大洋另一边的欧洲。即使是乘坐铁轨马车的乘客，手里都拿着装有15个棋子的小木匣。商店里、事务所中，老板们面对沉迷于游戏中的职员几乎无计可施，最后不得不在制度中增加禁止游戏的条款。这场流行游戏的赢家是娱乐业的老板们，他们举办了各种大规模的15个棋子游戏比赛，获得了巨大的收益。

在德国，即使是庄重的国会大厅，也成了15个棋子的游戏场。回忆起这段历史，曾亲身经历过那一时期的前国会议员——著名的地理学家、数学家西格蒙德·京特说："国会大厅中那些捧着小木匣全神贯注游戏着的白发老人就像是坐在了我的眼前。"

巴黎的露天场、林荫道上，处处都是15棋子游戏的"天堂"，它甚至以迅雷不及掩耳之势从巴黎流行到整个法国。有一位法国的作家曾经这样描述那时的场景："即使是乡间随便的一座孤零零的小屋，都有这种蜘蛛正在筑巢，它们正致力于密切关注那些随时会陷入蛛网的牺牲品们。"

人们对15个棋子的狂热程度在1880年达到顶峰。不久之后，数学的武器成功将其征服，它的游戏价值被很快推翻了。研究人员利用数学理论对人们提供的大量题目——进行攻克，最后发现，有一半的题目是根本无解的。这使所有每天致力于求解的游戏迷们恍然大悟，他们终于知道为什么再怎样坚持不懈都无法解出某些难题，为什么那些娱乐业的老板们举办大赛的时候敢设立巨额奖金。在这一点上，游戏的发明者比任何人都底气十足。他甚至向纽约报提出给星期天副刊提供一道尚未有解的难题，并自掏腰包拿出1 000美元征求答案。这位发明者的名字是萨穆埃利（塞姆）·洛伊德，他编撰过很多谜语和有趣的题目，颇受大众追捧。但他所发明的15个棋子游戏却根本没有在美国成功申请到专利证书，因为他在提交题目的同时，还必须按照规定提交一套破解该题目的"工作模型"。他当然不可能提交，因为他的题目根本无法用数学方法解答出来，于是他被拒绝了。专利局的工作人员对他说："没有解，就不可能有工作模型，没有工作模型，我们无法为你签发专利证书。"洛伊德接受了这个决定，没有做更多争取。不过如果他当时能够预见15个棋子游戏的火爆程度，也许会为专利证书再努力一下的。

　　萨穆埃利（塞姆）·洛伊德对这一游戏的历史这样写道："智慧王国的老住户们应该不会忘记，我是如何在70年代初让全世界的人都为一个装有15个棋子的小木匣子绞尽脑汁的。"几乎没有人不知道15个棋子游戏（图10）的小木匣，就像书中插图（图11）所显示的那样，标有数字的15个棋子正常排列在正方形的小木匣子里，只有14和15这两颗棋子的顺序是颠倒的。要求就是依次移动棋子，让它们完全正常排列，确切地说，14和15的位置要互换回来。

1	2	3	4
5	6	7	8
9	10	11	12
13	14	15	

图10　要达到目标排列

1	2	3	4
5	6	7	8
9	10	11	12
13	15	14	

图11　最初的数字排列

　　所有人，包括可敬的官员们，都在没日没夜地解这道题，但始终没有一个正确破解它的人出现，那笔为胜利者提供的1 000美元奖金也就成了摆设。

　　很多商人因为全神贯注地解题甚至忘记关闭店门，可敬的官员们为了找到答案，整夜地站在路灯下求解（图12）。但没有谁放弃这种努力，因为他们都对即将到来的"胜利"满怀憧憬与信心。因此一些令人遗憾的事就发生了，比如领航员将船开上了浅滩，火车司机在经过站台时忘记停车，种田人把手中的犁抛在了田边……

** ** ** ** **

图12　官员们整夜地站在路灯下求解

了解了15个棋子游戏的历史，我们再来了解一下这个游戏本身。这是一个包含着复杂数学理论知识的游戏，它与高等代数中的"行列式理论"密不可分。我们前面提到过的德国游戏研究者、数学家弗·阿伦斯表达了下面的一些观点：

15个棋子游戏要求人们，无论15个棋子最初以什么顺序排列，利用木匣中仅有的一个空格，依次移动棋子，把它们的顺序调整到正常的状态，即左上角为1，它的右边是2和3，右上角是4；第二排从左至右分别是5、6、7、8，然后是第三排、第四排。（见图10）

假设小木匣中的15个棋子以杂乱无章的顺序排列其中，我们通过一系列的移动，总是可以将1号棋子移动到左上角的位置。接下来在不移动1的前提下，也可以将2移动至它的右侧。保持1和2不动，3与4也能很快排列其后，就算它们都不在最后两条垂直的线上，也很容易调整至正确的位置。第一行已经完成，用同样的方法，我们可以将第二行的5、6、7、8移动到位，这是一定可以做到的。最后的两行，我们先将9和13调整到行首的位置上。目前所有已经到位的棋子——1、2、3、4、5、6、7、8、9、13，必须待在原地，不能再被移动了。那么剩下的6个格子中，包括棋子10、11、12、14、15和一个空格，在这个有限的范围中，要先将10、11、12移动到正确的位置，这时第三行就完成了。那么位于第四行的14和15，或者按顺序依次排在13的右侧，或者二者顺序颠倒（图11）。

上述的方法非常简单，读者很容易进行实践检验，根据这一过程，我们得出以下的结论：

游戏中15个棋子的任何一种排列都能被调整到图10或者图11所示的状态。

假设某一种排列——我们暂用字母S来表示——能转换成另外一种不同的排列，那么它一定可以再转换回原来的状态，因为棋子所走的任何一步都是可以还原的。比如将棋子12移动一步，立刻又可以将它反向移动还原回去。

这使我们得到了两种系列的排列：第一系列中的排列全部可以调整至正常顺序的排列，第二系列中的排列全部可以调整为不同的排列。反过来讲，由正常顺序的排列可以得到第一系列中的任何一种排列，由各种不同的排列能够得到第二系列中的任何一种排列。也就是说，同一系列中的任何两种排列都是能够相互转化的。

那么，如果继续下去，我们能否将这两个系列中的排列合并呢？答案非常明确：不能。这里我们必须省略掉详细的证明过程，但结论是严肃的，无论经历多么复杂的移动，这两种排列也是不可能相互转化的。

因此我们有必要明确地将游戏中15个棋子的排列方式划分为两个互不关联的系列：第一系列是能被调整至正常排序状态的排列，即可破解的排列；第二系列是能被调整为其他的排列，但在任何情况下都不可能被调整至正常排序状态的排列，这就是那些无解的排列，也就是被用来重金求解的排列。

怎样确定某一排列属于哪一系列？我们来举一个例子说明：

第一行的棋子排列正常，第二行的前几个棋子也一样，但最后位置上的棋子除外。排在第二行最后位置的原本应该是8，但现在却是9，而8却被排在了下面的区域中，我们把这种排列上的位置前移称为"无序"。换句话说，棋子9这里出现了1个无序的位置。再看下面的两行，11、12、13、14这四个棋子的排列是14、12、13、11。也就是说，棋子14排在了

12、13、11前面，棋子12排在了11前面，棋子13排在了11前面。由此可知，棋子14出现了3个无序。棋子12和棋子13分别出现了1个无序。现在我们总计有1+3+1+1=6个无序。

小木匣一共有16个位置，提前将第四行最后一格空出来，方便我们用这种方法确定所有的无序之和。如果这个和是偶数，就像我们前面例子中求得的总无序数是偶数6，那么这个排列属于第一系列，是有解排列，可以被调整为正常顺序的排列。如果这个和是奇数，这个排列就属于第二系列，是无解排列，不能被调整为正常顺序的数列。特别需要说明的是，当总无序数为0时，按偶数计。

数学理论的成功介入揭开了这个游戏的神秘面纱，也使我们对它曾经引起的轰动感到不可思议。数学创立的游戏理论是严谨、详尽的，不存在任何疑点。15个棋子游戏的成功破解并非依靠偶尔的运气或一时的机智，像其他所有游戏一样，破解它的唯一依据是纯粹的数学事实，其结论的权威性是毋庸置疑的。

我很愿意为读者朋友们提供几道同一领域的难题。下面的题目都是有解的，编写它们的人正是萨穆埃利（塞姆）·洛伊德。

9. 来自洛伊德的难题一

将图11中的棋子调整到如图13所示的正常位置，唯一不同的是空格变成左上角的第一格。

	1	2	3
4	5	6	7
8	9	10	11
12	13	14	15

图13　要达到的
目标排列1

10. 来自洛伊德的难题二

当15个棋子处于图11所示的排列状态时，将小木匣旋转90°，并将棋子调整到图14中所示的排列状态。

4	8	12	
3	7	11	15
2	6	10	14
1	5	9	13

图14　要达到的目
标排列2

11. 来自洛伊德的难题三

按照游戏规则，将图11中的棋子依次移动，使其每条线上的数加起来都恰好等于30。

12. 棒球场上的难题

我们将目光停留在算术领域内，共同分享了一些关于多米诺骨牌和15个棋子游戏的题目。现在让我们将注意力转移到几何学领域，共同来解几道棒球场上的难题。

13. 过门或撞击

棒球球门是长方形的，棒球直径的两倍是球门的宽度。在距离相等的前提下，球不碰球门框，自由通过球门或撞击其他球，哪个容易做到？

14. 撞击的目标

棒球的直径为10厘米，它的终点柱底部有6厘米宽。在距离相等的前提下，撞击终点柱比撞击其他球难几倍？

15. 撞与不撞

棒球直径是长方形球门的一半，并且是终点柱的两倍。在距离相等的前提下，使球自由通过球门或者撞击终点柱，哪个容易做到？

16. 相对难度

交叉球门由两个长方形球门以十字交叉的方式组合而成，球的直径是球门宽度的 $\frac{1}{3}$。在距离相等的前提下，使球自由通过球门，或者撞击其他球，哪个难度相对小一些？

17. 宽度与直径

如果球不能通过交叉球门，那么长方形球门的宽度与球的直径之比是多少？

揭秘：你的答案正确吗

1.☆完整的骨牌链

我们先来连接两端点数不同的21张骨牌。经过观察你会发现，在这21张骨牌中，每个点数都会有6次计算重复的现象。比如6张骨牌上都出现了点4，它们分别是：4—0、4—1、4—2、4—3、4—4、4—5、4—6。这恰好说明每个点数都有偶数次的重复，而这可以使所有的骨牌被相同的点数连接起来。

当我们用这样的方法把21张骨牌连成链之后，别忘记还有7张两端点数相同的骨牌没有参与其中，当然这并不是麻烦事儿，只要把它们插入0□0、1□1、2□2等连接处，所有的骨牌就按照规则连接成完整的链条了。

2.☆骨牌链的头与尾

同样是5点，首尾端点数是一样的。这是因为牌链内部的点数是成对的，28张骨牌中每个点数重复的次数是偶数8，如果首尾点数不一样，那么首尾牌上的点数重复的次数就变成了奇数。数学中把这种论证方法称为"逆向论证"。

事实上，28张骨牌按照游戏规则不仅可以连接成链，还可以使这根链条首尾相连，形成一个封闭的圆圈。这个有趣的结论就是根据骨牌链的上述特性得到的。

我相信你会因此对28张骨牌的连接产生浓厚的兴趣，或许你会问：有多少种不同的连接方法可以使28张骨牌连成这种链条或者圆圈？这个数字很可怕，它大于7万亿，确切地说是：

$$2^{13} \times 3^8 \times 5 \times 7 \times 4\,231 = 7\,959\,229\,931\,520 \text{ 种}$$

3.☆骨牌魔术

从上面一道题的结论中我们知道，28张骨牌不仅可以连接成完整的链，甚至可以连接成完整的圆。我们来连接一个圆圈，然后拿走一张骨牌，现在整个圆圈就变成了一个由27张骨牌连接成的链条。所以说，将整副骨牌取走一张，剩下的27张肯定是可以连接成完整链条的。

你的朋友并非高手，如果你是拿走那张骨牌的人，你也可以直接说出链条两端的点数，因为这两个点数与被拿走的那张骨牌上的点数相同。

4.☆多米诺方框

一副多米诺骨牌上的所有点数相加，得到的和是168点。按照本题的要求，正方形框四边上的点数之和应该是44×4=176。多出来的8个点是哪里来的？很简单，我们在计算时，将方框四角上的点数加了两次。这给了我们一个重要的提示：方框四角上的点数之和为8。有了这个结论，摆起这个方框来就简单多了。（答案见图15）

图15　多米诺骨牌的排列

5.☆七个正方形

当然能做到，而且方法很多。我们选择其中的两种作为参考：

图16所示的7个正方形中，包括1个四边点数之和均为3的、1个四边点数之和均为6的、1个四边点数之和均为8的、2个四边点数之和均为9的、1个四边点数之和均为10的、1个四边点数之和均为16的正方形。

图16 目标排列方法1

图17所示的7个正方形中,包括2个四边点数之和均为4的、2个四边点数之和均为10的、1个四边点数之和均为8的、2个四边点数之和均为12的正方形。

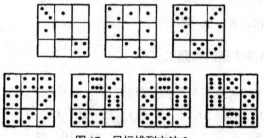

图17 目标排列方法2

6. ☆神奇的大正方形

根据题目的要求,各线上的点数之和应该在13至23之间,并且包括13和23。图18给出的参考答案是各线上的点数之和为18的摆法。

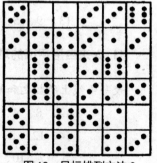

图18 目标排列方法3

7. ☆骨牌数列

我们来举两个差值是2的数列作为参考:

(1)0—0;0—2;0—4;0—6;4—4(或3—5);5—5(或4—6)。

(2)0—1;0—3(或1—2);0—5(或2—3);1—6(或3—4);

    3—6(或4—5);5—6。

用6张骨牌一共可以连成的数列是23个。

(1)下面是数列差值为1时打头的骨牌:

$$0—0 \quad 1—1 \quad 2—1 \quad 2—2 \quad 3—2$$

$$0—1 \quad 2—0 \quad 3—0 \quad 3—1 \quad 2—4$$

1—0　0—3　0—4　1—4　3—5

0—2　1—2　1—3　2—3　3—4

（2）这是数列差值为2时打头的骨牌：0—0　0—2　0—1

9. ☆来自洛伊德的难题一

做到题目中的要求需要将棋子移动44步，顺序如下：

14、11、12、8、7、6、10、12、8、7、

4、3、6、4、7、14、11、15、13、9、

12、8、4、10、8、4、14、11、15、13、

9、12、4、8、5、4、8、9、13、14、

10、6、2、1

10. ☆来自洛伊德的难题二

做到题目中的要求需要将棋子移动39步，顺序如下：

14、15、10、6、7、11、15、10、13、9、

5、1、2、3、4、8、12、15、10、13、

9、5、1、2、3、4、8、12、15、14、

13、9、5、1、2、3、4、8、12

11. ☆来自洛伊德的难题三

使每条线上的数之和都为30，需要将棋子移动50步，顺序如下：

12、8、4、3、2、6、10、9、13、15、

14、12、8、4、7、10、9、14、12、8、

4、7、10、9、6、2、3、10、9、6、

5、1、2、3、6、5、3、2、1、13、

14、3、2、1、13、14、3、12、15、3

13. ☆过门或撞击

很多人都会觉得过门比撞击更容易，即使是有经验的行家，也可能支持这种观点，他们的理由是球的直径是球门宽度的一半。但我不得不宣布这是错误的，因为球门肯定比球宽，但球在过门时可通过的范围却不是球

门宽度的范围，而是在撞击时自球可击中他球的范围的一半。

图19也许会让你更明白我刚才讲过的内容。想要保证球不碰球门框，球心与球门框之间的距离就不能小于球的半径。确切地说，用球门的宽度减掉两个球的半径，才是球可以自由通过的范围。在本题中，该范围恰好是球的直径。

那么撞击他球的范围有多大呢？可以肯定的是，如果我们自己的球与其他球的球心之间的距离小于球的直径，就可以击中该球。就本题而言，像图20所示的那样，撞击他球的范围等于球的直径的两倍。

显然，在本题中，撞击其他球比自由通过球门更容易做到。

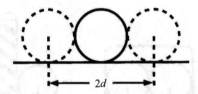

图19　门框宽度要大于球直径　　图20　撞击他球的范围等于球的直径的两倍

14. ☆撞击的目标

在图21中可以看到，撞击时我们自己的球可击中其他球的范围是球的直径的两倍，即10×2=20厘米。根据图22可以知道，球撞击终点柱的范围是球的直径与终点柱的直径之和，即10+6=16厘米。$20:16=1\frac{1}{4}$，可见撞击终点柱比撞击其他球要难$\frac{1}{4}$的程度。

但在现实操作的过程中，选手们常常会过分夸大撞击其他球的概率，从而导致错误地判断撞球和撞柱的难度。

图21　球的撞击范围　　　　图22　球撞击终点柱时的范围

15. ☆撞与不撞

有些选手会根据题目中给出的条件，认为球自由通过球门的范围是撞击终点柱的范围的4倍。这种判断是错误的。

对于已经掌握了上面一题思路的读者来说，很难做出上述错误的判断。因为他们一定会考虑到撞击终点柱的范围是球自由过门时可通过范围的 $1\frac{1}{2}$ 倍。图23与图24中可以清晰地显示这个结论。但这仅限于长方形球门的情况，如果球门是如图25所示的弧形，那么球过门时可自由通过的范围会更小。所以符合本题的答案是：撞击终点柱是相对容易做到的。

图23　球通过长方形球
门时的范围

图24　球撞击终点柱子时
的范围

图25　球通过弧形球门
时的范围

16. ☆相对难度

注意观察图26和图27，你会发现，根据本题的已知条件，球自由通过交叉球门的范围（即距离）a很短。

图26　球通过交叉球门的范围1　　　图27　球通过交叉球门的范围2

如果你对几何学的基础知识有所接触，就会知道正方形的对角线AC大约是其边长AB的1.4倍。

我们用d来代替球的直径，由题意可知，长方形球门的宽是3d，则AB的长度为：3d：1.4≈2.1d。这使球过交叉球门时可自由通过的范围少了一个球的直径，a的值变成2.1d−d=1.1d。

结合前面了解到的，我们自己的球撞击其他球的范围是2个球的直径（即2d），可以得出结论：在本题条件下，撞击其他球比使球通过球门容易近1倍。

17. ☆宽度与直径

根据上一题的思路，我们可以得出这一题的答案：球不能通过交叉球门，则意味着长方形球门的宽度与球的直径之比小于1.4。但所幸球门不是弧形的，否则球过门的条件就更艰难了。

第三章

再来解 11 道题

1. 我要绳子

小男孩向忙碌的妈妈要绳子，正在用木盆泡床单的妈妈吃了一惊。她抱怨地说：

"怎么又要绳子？每天没完没了地要绳子，你以为我是做绳子的吗？你怎么会那么需要绳子？况且，昨天我已经给过你一大团绳子，你把它们弄到哪里去了？"

"我把它们弄到哪里去了？"小男孩很不乐意，"您自己就要回去一半……"

"我是用来晾床单的，不然用什么？"

"然后汤姆又把剩下的拿走一半去钓鱼了。"

"汤姆是哥哥，你不能抱怨。"

"我没有抱怨，我给他了。可是我剩的也不多了，爸爸又拿走一半去修背带。"

"就算是这样，总有剩余吧？"

"是的，还有一点点，可姐姐又拿走了 $\frac{2}{5}$ 做头绳。"

"还是有剩下的，你用它又做了什么？"

"剩下的绳子还能做什么呢？那一团绳子，现在只剩下30厘米了，什么也做不了，妈妈。"

请你计算一下，最开始的时候，这团绳子有多长？

2. 头发能活多久

关于头发，人们计算出很多有趣的数据。比如人的头发大约有150 000根，平均每个月会脱落3 000根。根据这两个数据，请你试着计算出每根头发在头上能生长多久？

3. 基本工资

我最近一个月的收入是130卢布，这其中包括工资和加班费。我可以告诉你，这个月我的基本工资比加班费多100卢布。

你能猜出我的基本工资是多少吗？

4. 正午到达

一位滑雪爱好者在出发前对自己的行程进行了如下估算：

假设滑行速度是10千米/小时，到达终点的时间将是午后1小时；

假设滑行速度是15千米/小时，到达终点的时间将是午前1小时。

请你帮他判断一下，什么样的滑行速度会使他到达终点的时间恰好是正午？

5. 上班路上

一家工厂的两名工人共住同一套房子，年轻的工人在上班路上花费的时间是20分钟，年老的工人在上班路上花费的时间是30分钟。

我们假设年老的工人比年轻的工人提前5分钟出门，后者用几分钟的时间能追上前者？

6. 一份报告

打字行的老板指派两名打字员完成同一份报告的打字工作。

如果独立完成这项任务，新来的打字员需要3小时，有经验的打字员需要2小时。为了用最短的时间完成任务，两个人对工作进行了分工。

你知道他们两个人共同合作至少需要用多长时间打完这份报告吗？

对于这种类型题目的解题思路，我们习惯于参考著名的游泳池问题。在本题中，应该先分别计算出两名打字员每小时的工作量在每小时总工作量中所占的比例，然后求出两个分数之和并除以1。

你能试着找到新的思路吗？

7. 两个齿轮

在图28中，有一个8个锯齿的小齿轮与一个24个锯齿的大齿轮相互咬合，显然，当大的转动时，小的就会围着大的转动。

图 28　小齿轮与大齿轮相互咬合

需要你思考的是：当8个锯齿的小齿轮围着24个锯齿的大齿轮转动满一周时，它围着自己的轴心自转了几圈？

8. 解题爱好者的回答

有一位解题爱好者，最喜欢解答难题。大家问他的年龄，他没有直接给出数字，他说："3年后我的年龄与3年前我的年龄之差，恰好是我现在的年龄。"

这是个令人费解的答案，你能猜出他今年多大了吗？

9. 父与子

大家七嘴八舌地议论起伊万诺夫父子的年龄。

"18年前曾经进行过人口登记，我记得很清楚，那时候他儿子的年龄是他的 $\frac{1}{3}$。"

"但是，根据我知道的情况，他儿子现在的年龄恰好是他的 $\frac{1}{2}$。难道他不止一个儿子？"

"不，不可能，伊万诺夫只有1个儿子。"

其实，利用这些信息来确定伊万诺夫父子的年龄足够了。不信你自己来试着判断一下吧！

10. 盐酸和水

我们要用盐酸和水来调制溶液。现在有两个杯子，分别放着等量的盐酸和水。我们调制的过程是这样的：

首先从第一个杯子向第二个杯子里倒入20克盐酸，再把第二个杯子里的混合溶液的 $\frac{2}{3}$ 倒入第一个杯子。

完成这两个步骤之后，第一个杯子中的溶液量是第二个杯子里的4倍。需要你回答的是：在调制溶液之前，两个杯子里的盐酸和水各有多少？

11. 购物的花销

我今天出去购物时，从家里带了15卢布，其中包括面值1卢布的纸币和面值20戈比的硬币。

当我购物结束后，查看了一下钱包里剩下的钱，发现只剩下了购物前的 $\frac{1}{3}$。有趣的是，钱包中剩余纸币的张数恰好与购物前所带的硬币个数一样，而剩余硬币的个数也恰好与购物前所带的纸币张数一样。

你来帮我计算一下好吗？我这次购物花了多少钱？

揭秘：你的答案正确吗

1.☆我要绳子

一根长绳子，妈妈用完后剩下 $\frac{1}{2}$；哥哥用完后仅剩了 $\frac{1}{4}$；父亲又用了一些，还剩 $\frac{1}{8}$；最后姐姐拿走一半做头绳，整根绳子只剩下 $\frac{1}{8}-\frac{1}{8}\times\frac{2}{5}=\frac{1}{8}$ $\times\frac{3}{5}=\frac{3}{40}$，根据题意可知，这一部分长30厘米。现在我们很容易得到整根绳子的长度了：$30\div\frac{3}{40}$=400厘米=4米。

2.☆头发能活多久

我们来看看今天最后长出的那根头发什么时候会脱落。我们的头发脱落的速度是每月3 000根，两个月会脱落6 000根，一年会脱落36 000根。150 000÷36 000≈4.17年，因此，总数150 000根头发全部脱落需要的时间是4年多一点。也就是说，最后那根头发脱落要等到4年多一点之后。由此可以得出结论：人的每根头发的平均寿命大约4年多一点。

3.☆基本工资

有很多人会立刻回答说："基本工资是100卢布！"但是，如果基本工资是100卢布，加班工资就是30卢布，这样的话，基本工资只比加班工资多70卢布，与题目中的条件不符。

既然基本工资比加班费多100卢布，那么加班费与100卢布的和就是基本工资。用130卢布加上100卢布，得到的应该是基本工资的2倍：130+100=230卢布。而一份基本工资就是230÷2=115卢布。从130卢布中减掉115卢布的基本工资，剩下的15卢布就是加班费。

这个答案对不对呢？我们来检验一下：基本工资115卢布，加班工资15卢布，115-15=100卢布。这显然是符合题意的。

4. ☆正午到达

你也许会认为这道题非常简单：只需要计算两个速度的平均值就可以了，$(10+15)\div 2=12.5$，也就是每小时12.5千米。真的是这样吗？

假设路程为，当速度为每小时10千米时，所用时间为 $\dfrac{a}{10}$ 小时；当速度为每小时15千米时，所用时间为 $\dfrac{a}{15}$ 小时；当速度为每小时12.5千米时，所用时间为 $\dfrac{a}{12.5}=\dfrac{2a}{25}$ 小时。

如果每小时12.5千米的速度的确为本题的解，那么它所用的时间一定介于 $\dfrac{a}{10}$ 和 $\dfrac{a}{15}$ 之间，等式 $\dfrac{2a}{25}-\dfrac{a}{15}=\dfrac{a}{10}-\dfrac{2a}{25}$ 就一定成立，并且等式两边的得数都应该是1。但真相是否如此呢？

我们先将本式两边的数消掉，再做如下的运算：

$$\dfrac{2}{25}-\dfrac{1}{15}=\dfrac{1}{10}-\dfrac{2}{25}$$，解得：$\dfrac{4}{25}=\dfrac{1}{10}+\dfrac{1}{15}$，即：$\dfrac{4}{25}=\dfrac{1}{6}$，

统一分母：$\dfrac{4}{25}=\dfrac{4}{24}$。很显然，这是一个两边不平衡的式子，不符合等式的特征。因此可以断定，速度为每小时12.5千米是错误的。

正确答案到底是什么？根据题意可知，速度为每小时15千米与每小时10千米时滑完全程所用的时间之差是2小时，如果使滑雪者以15千米/小时的速度多滑2小时，其所用的总时间就可以与每小时10千米时滑完全程的时间一样。这2小时他会多滑 $15\times 2=30$ 千米，也就是说他滑的路程比计划路程多30千米。$15-10=5$ 千米/小时，每小时多滑5千米，多滑30千米需要 $30\div 5=6$ 小时。因此以每小时15千米的速度滑完全程需要的时间是 $6-2=4$ 小时，总路程是 $15\times 4=60$ 千米。

可见，当速度为每小时10千米时，滑完全程需要的时间是 $4+2=6$ 小时。如果想恰好在正午时到达，全程所用的时间就应该是5小时。滑雪者应该以怎样的速度滑行，才能保证用5小时的时间滑完全程呢？很简单：$60\div 5=12$ 千米/小时。你可以检验一下这个结果，它一定是正确的。

5. ☆上班路上

本题不需要方程，解法也不止一种。我们选其中的两个解法做参考：

（1）年轻工人路上需要20分钟，他用5分钟可走完全程的$\frac{1}{4}$。老工人路上需要30分钟，他用5分钟可走完全程的$\frac{1}{6}$。如果两人同时出发，5分钟后，年轻人就比老工人多走$\frac{1}{4}-\frac{1}{6}=\frac{1}{12}$的路程。根据题意，年轻人在出发时，老工人就已经走完了$\frac{1}{6}$。（$\frac{1}{6}\div\frac{1}{12}$）=2，也就是说，年轻人想要追上老工人，需要的时间是两个5分钟，即：2×5=10分钟。

（2）老工人比年轻人用时多10分钟。如果他提前10分钟出发，年轻人就可以和他同时到达工厂了，但他只是提前了这个时间的一半，也就是5分钟。年轻人需要的总时间是20分钟，它的一半是10分钟，因此年轻人会在10分钟之后，也就是两个人都走至路程的一半时，追上老工人。

你来试着找一找其他的解法吧。

6. ☆一份报告

想要解答本题，需要先弄清两名打字员共同完成这项工作时，每人应该负担的工作量在总工作量中所占的比例。

根据题意可知，有经验的打字员的打字速度是新打字员的$12\frac{1}{2}$倍，可见相同的时间内，有经验的打字员所要承担的工作量也必须是新打字员的$12\frac{1}{2}$倍。由此我们可以知道，前者应负担总工作量的$\frac{3}{5}$，后者负担$\frac{2}{5}$。

有经验的打字员独立完成全部工作需要的时间是2小时，那么他完成总工作量的$\frac{3}{5}$所需要的时间就是$2\times\frac{3}{5}=1\frac{1}{5}$小时。显然，在这个时间内，新来的打字员也同样完成了自己负责的那一部分。

因此本题的答案就是：$1\frac{1}{5}$小时，即1小时12分钟。

还可以换一个思路：有经验的打字员独立完成全部工作需要2小时，新打字员用3小时。2与3的最小公倍数是6，用6个小时的时间，前者能把整份报告打3遍，后者能打2遍，两个人共打2+3=5遍。当然老板交代的任务只是1遍，他们所用的时间也应该是6小时的$\frac{1}{5}$，即$6\times\frac{1}{5}=1\frac{1}{5}$小时。

7. ☆两个齿轮

千万别认为小齿轮自转了3圈，因为正确答案是4圈！

在桌上放一张崭新的白纸，将两枚一样的硬币一上一下放在纸上。用左手的食指按住下面那枚，右手帮助上面那枚硬币沿着被固定硬币的边缘滚动。你会发现：当滚动的硬币沿着被固定硬币的边缘滚动了半圈——即到达那枚硬币的正下方时，它恰好围着自己的轴心自转了一整圈；当它沿着被固定硬币的边缘转足一圈回到原位时，它沿自己的轴心转了整整2圈！你可以通过观察图29中硬币上的数字状态对这个过程进行更直观的了解。

当一个物体旋转着围绕一个圆形物体转动时，它围绕自己的轴心旋转的周数要比同时围绕圆形物体转动的周数多一倍。举例来说，当地球边自转边围绕太阳旋转时，如果我们相对星星来计算这个周数，而不是相对太阳，那么地球自转的周数就不是 $365\frac{1}{4}$ 圈，而是这个数字的2倍。

图29 硬币转圈示意图

8. ☆解题爱好者的回答

我们可以用解方程的方法来找到答案。假设这位解题爱好者现在的年龄是x岁，3年前他的年龄就是x-3，3年后他的年龄是x+3，列出的方程式为：3（x+3）-3（x-3）=x。解方程求得=18，他现在的年龄是18岁。这个答案是否正确？我们按主人公自己的说法来检验一下，3年前他的年龄是18-3=15岁，3年后他的年龄是18+3=21岁。3×21-3×15=63-45=18岁，这恰好符合题目中的描述。

9. ☆父与子

这道题我们同样借助一个方程式来完成。假设伊万诺夫之子现在的年龄是x岁，根据题目中的说法，他本人的年龄就是2x岁，18年前人口登记的时候，伊万诺夫与儿子的年龄分别是$2x-18$和$x-18$，而那时父亲的年龄是儿子的3倍。列出方程式为：$3（x-18）=2x-18$。解方程可以得到$x=36$。也就是说，儿子今年36岁，伊万诺夫今年72岁。

10. ☆盐酸和水

假设调制溶液前，第一个杯子中的盐酸和第二个杯子中的水量都是x。第一次混合后，第一个杯子中剩余的盐酸是（$x-20$）克，第二个杯子中的混合溶液是（$x+20$）克。第二次混合后，第二个杯子中的溶液量是$\frac{1}{3}$（$x+20$）克，第一个杯子中的溶液量是（$x-20$）$+\frac{2}{3}$（$x+20$）$=\frac{5x-20}{3}$克。根据题意可以列出方程式：$\frac{4}{3}$（$x+20$）$=\frac{5x-20}{3}$。解方程可以得到$x=100$。因此在调制溶液前，两个杯子里的液体量都是100克。

11. ☆购物的花销

1卢布=100戈比。假设购物前所带的纸币张数为x，硬币个数为y，那么购物前钱包里的钱数就应该是（$100x+20y$）戈比，购物后钱包里剩余的钱数是（$100y+20x$）戈比。

根据题意，可列出方程式：$\frac{1}{3}$（$100y+20x$）$=100+20$。

将本方程式进行简化，得到：$x=7y$。

当$y=1$时，$x=7$，购物前的总钱数是7卢布20戈比；当$y=2$时，$x=14$，购物前的总钱数是14卢布40戈比；当$y=3$时，$x=21$，购物前的总钱数是21卢布60戈比。根据题意可知，购物前钱包里的总钱数是15卢布左右，可见正确的答案是：$x=14$，$y=2$。钱包里最初的钱数是14卢布40戈比。

想知道这个答案是否正确，用购物后钱包里的钱数来检验一下就可以了。购物后钱包里剩下2张纸币和14个硬币，总面值为200+280=480卢布。它的3倍，恰好是1 440戈比，即14卢布40戈比。这与题目中的描述是相符的。由此可以知道本次购物所用的钱数是：1 440-480=960戈比，即9卢布60戈比。

第四章

数字难题

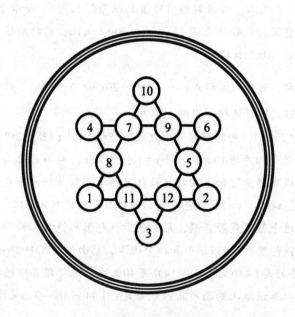

1. 卢布换清单

某娱乐节目为了活跃气氛，在节目中设置了一个现场互动环节。

主持人宣布：

"我需要20个面值分别为50戈比、20戈比和5戈比的硬币，它们的总价值必须是5卢布。如果谁能满足我的要求，我将给他100卢布作为交换！公证处的工作人员会为我现场公证，5卢布换100卢布！愿意交换的朋友请举手示意！"

大家都低着头在纸上算来算去，却没有人找到好的答案。台下一时鸦雀无声。

主持人及时发声："我发现大家找到满足要求的方案似乎有很大难度，这样吧，我把要求降低2卢布，只要用符合要求的20个硬币凑足3卢布就可以换100卢布！愿意的观众请到台上排队！"

观众们还是没有反应，他们开始拖延这个诱惑十足的机会。

"看来大家认为3卢布也不划算，"主持人再次改变了策略，"那么我再让一步，2卢布！2卢布换100卢布！现场交易！"

仍旧没有人表态。主持人继续说：

"大家是没有带足零钱吗？不要不好意思说。好吧，赊账也可以，只要你写出一张注明20枚硬币的面值和个数的清单，我用100卢布换清单！"

2. 表示 1 000

用8个相同的数字和一些运算符号来表示1 000。

3. 表示 24

用3个8来表示24太简单了：8+8+8=24。我当然不会出这么简单的题目给你。

请你用3个相同的数字来表示24，但这3个数字不能是8。

动起脑筋来吧！方法不止一个哦。

4. 表示 30

用3个5来表示30：5 × 5+5=30。

那么不用3个5，而是用3个其他相同的数字呢？

尽管有些难度，但你不妨试试，说不定你能找到好几个答案呢。

5. 藏在星号后面的数字

下面这个乘法算式很奇怪，有一半以上的数字都被星号遮住了。你来找出藏在星号后面的数字好吗？使算式变得完整起来。

$$
\begin{array}{r}
1 \\
\times\ 3*2 \\
\hline
3 \\
3*2* \\
+*2*5 \\
\hline
1*8*30
\end{array}
$$

6. 需要复原的算式

与上一个题目的情况一样，这里还有一个需要复原的乘法算式。

$$
\begin{array}{r}
**5 \\
\times\ 1** \\
\hline
2**5 \\
13*0 \\
+*** \\
\hline
4*7**
\end{array}
$$

7. 被替换的数字

除法算式中的一些数字被星号替换了，请将这个除法算式恢复原样。

```
          1**
325  *2*5*
  ⟌325
     *0**
     *9**
     *5*
     *5*
       0
```

8. 最大的和最小的

一个能被11整除的9位数，组成它的所有数字各不相同，没有重复。

这样的数不止一个，你能写出其中最大的数和最小的数吗？

9. 奇怪的乘法

我注意到这样的一道乘法题：

$$48 \times 159 = 7\ 632$$

它有一个奇怪的特点，就是整个算式中的9个数字都只出现了一次，没有重复过。

你能再找出一些有相同特点的乘法题吗？

你知道这样的乘法题一共有多少个吗？

10. 数字三角形之一

在图30中三角形的9个圆圈里填入1至9这9个数字。

要求是每条边上的数字相加后的得数都是20。

图30　数字三角形

11. 数字三角形之二

同样是在图30中三角形的9个圆圈里填入1至9这9个数字。

但这次的要求是每条边上的数字相加后的得数都是17。

12. 数字六角星

　　将1至12总计12个数填入一个六角星的各顶点及交点上的圆圈里，并且每个数都只能用1次，比如图31。

　　图31中的数字六角星有一个特点：每条边上的各数之和都是26。

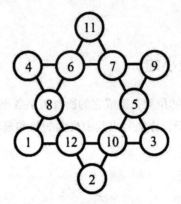

图 31　　数字六角星

$$4+6+7+9=26$$
$$11+6+8+1=26$$
$$4+8+12+2=26$$
$$11+7+5+3=26$$
$$9+5+10+2=26$$
$$1+12+10+3=26$$

　　但六个角上的数相加得到的数与之不同：

$$4+11+9+3+2+1=30$$

　　为了让这个数字六角星更加完美，我希望你能重新将这12个数填入圆圈中，使它每条边上的数之和仍是26，就连六个角上的数字之和也是26。

　　你能做到吗?

揭秘：你的答案正确吗

1. ☆卢布换清单

主持人之所以敢于无所顾忌地许诺大奖，是因为他有十足的胜算把握。事实上，他所提出的3种硬币搭配方案全部无解。我们先用代数语言对第一种搭配方案进行一下分析：

我们假设在总面值为5卢布的20个硬币中，包括面值为50戈比的硬币x个，面值为20戈比的硬币y个，面值为5戈比的硬币z个，列出方程为：

$$50x+20y+5z=500$$

化简后得到第一个方程式：

$$10x+4y+z=100 \text{ ①}$$

根据题目中提及的硬币个数，还可以列出第二个方程式：

$$x+y+z=20 \text{ ②}$$

①-②：$9x+3y=80$

化简可得：$3x+y=26\dfrac{2}{3}$

可以肯定的是，任何面值硬币的个数都是整数，它的整数倍同样是整数，它们的和也一定是整数，不可能是分数。而本式中，50戈比硬币个数的3倍加上20戈比硬币的个数居然得到一个分数，这显然是不符合实际的。可见，我们的假设并不成立，这道题没有解。

那么用20个不同面值的硬币搭配出总面值为3卢布和2卢布的方法存在吗？你不妨试着用同样的方法证实一下，相信你会得到如下的两个方程式：

$$3x+y=13\dfrac{1}{3} \text{ 和 } 3x+y=6\dfrac{2}{3}$$

现在你知道主持人为什么可以口若悬河地许诺，甚至声称可以用100卢布换一张清单了吧？不过是说说而已，不可能有人想出办法来。

如果这道题所需要的硬币总面值不是5卢布、3卢布或2卢布，而是4卢布，结果就会不一样了，有7种不同的方法可以求出符合要求的解。每一种解法都足以使你得到那100卢布——但这只是想想罢了，因为每一种说法都是人家提前计算好的。

2. ☆表示1 000

方法之一：888+88+8+8+8=1 000。相信你能想出更多的方法。

3. ☆表示24

我只告诉你其中的一个方法：22+2=24

4. ☆表示30

这次我要给出两种方法：6×6-6=30和33-3=30。

5. ☆藏在星号后面的数字

只要用下面的过程细心推算，就能很快地将被星号遮住的数字找出来。

我们先给算式的每一行编号，这样推断起来更方便些。

$$
\begin{array}{r}
1 \quad \text{……………一} \\
\times\ 3*2 \quad \text{………二} \\
\hline
3 \quad \text{………三} \\
3*2* \quad \text{………四} \\
+*2*5 \quad \text{………五} \\
\hline
1*8*30 \quad \text{………六}
\end{array}
$$

第六行的最后一个数字是0，第三行的最后一个星号肯定也是0。

第一行的最后一个数字一定是5，因为它与2的积结尾是0，与3的积结尾是5，不会有其他的数字符合这个要求。

第四行的最后一个数字一定是0，因为它与3的和以3结尾（第六行倒数第二个数字）。

接下来可以确定的是，第二行中间的数字是8。除了它，还能有谁与15的乘积以20结尾呢（第四行结尾的数字）？

最后来看第一行的第一个数字，很显然，它一定是4，因为与8相乘得到的积以3开头的只有4（第四行开头）。

现在乘法的两个因数已经全部出现，我们把这个乘法做完，整个算式自然就完整显现了。这是本算式的全貌：

$$
\begin{array}{r}
415 \\
\times 382 \\
\hline
830 \\
3\,320 \\
+1\,245 \\
\hline
158\,530
\end{array}
$$

6. ☆需要复原的算式

推算的过程也是与上一道题目同样的，你可以试着自己来做做。最终复原的算式是：

$$
\begin{array}{r}
325 \\
\times 147 \\
\hline
2\,275 \\
1\,300 \\
+325 \\
\hline
47\,775
\end{array}
$$

7. ☆被替换的数字

这是本题中的除法算式原来的样子，推算的过程就由你自己去思考吧：

$$
\begin{array}{r}
162 \\
325\,)\overline{52\,650} \\
325 \\
\hline
2\,015 \\
1\,950 \\
\hline
650 \\
650 \\
\hline
0
\end{array}
$$

8. ☆最大的和最小的

能被11整除的数，将其偶数位上的数字之和与奇数位上的数字之和相减（大数减小数），差数为0或者是一个能被11整除的数。我们来举个例子：

假设这个数为23 658 904，将其偶数位上的数字相加，得到：

$$3+5+9+4=21$$

将其奇数位上的数字相加，得到：2+6+8+0=16。

两数之差为：21−16=5

5不等于0，且不能被11整除，所以23 658 904不能被11整除。

再来试验一次。假设这个数为7 344 535，其偶数位上的数字之和与奇数位上的数字之和为：3+4+3=10　7+4+5+5=21

两数之差为：21−10=11

11能被11整除，所以7 344 535能被11整除。

本题中要求的是9位数，能被11整除，并且组成它的9位数字不能重复。该以怎样的顺序对9个不同的数字进行排列呢？我们随便写一个试试：352 049 786

3+2+4+7+6=22　5+0+9+8=22　22−22=0

差为0，可见352 049 786能被11整除。

我可以直接把答案给你：这样的9位数最大的是987 652 413，最小的是102 347 586。计算的过程充满乐趣，自己动手参与其中吧！

9. ☆奇怪的乘法

这样的乘法当然有，但需要用一些耐心才可以找到，它们一共有9个，分别是：

12×483=5 796　　48×159=7 632　　42×138=5 796

28×157=4 396　　18×297=5 346　　4×1 738=6 952

27×198=5 346　　4×1 963=7 852　　39×186=7 254

10. ☆数字三角形之一　11. ☆数字三角形之二

这两道题的思路一样，答案见图32和图33。但它们的答案均不止这一种，因为每条边上中间的两个数字都可以互换。

图32　目标排列1

图33　目标排列2

12. ☆数字六角星

六角星上的12个数字之和是78，想使六个角上的数字相加等于26，其内部六边形上的数字之和就是78-26=52。

六角星可以被看成一正一反两个大三角形交叉而成的，以其中的一个大三角形为例，它的每条边上的各数之和都是26，三条边上的各数总和就是26×3=78，但显然三个角上的数被加了两遍。除了这三个角之外，像我们刚刚所知道的那样，内部的六个数字之和应该是52，那么三个角上的数之和的2倍就是78-52=26，可见，一个大三角形各角之和是26÷2=13。

我们正在向最终的答案靠拢。每个圆中的数字究竟应该是哪个？这需要不厌其烦地尝试。比如一个大三角形三个角上的数字肯定不能有11和12，那么就从10开始试，假如一个角上是10，另外两个角一定是1和2。像这样继续试下去，一定会将全部圆圈按规则填满。

图34就是这个完美的数字六角星的正确填法，你填对了吗？

图34　目标排列3

第五章

保密与数学

1. 方格密码

战争时期，敌对双方在传递消息时，为了不被外人看懂信件上的内容，常会使用密码。为此人们发明了很多密码书写的方法，就连军人或外交官，为了保证国家机密不外泄，也会使用密码来写信。

下面这种与算术紧密相关的方格密码写信法是其中比较简单的一种。

就像你在图35中看到的那样，使用方格密码时必须使用专门的方格纸，并在纸上挖一些方格孔。这些方格孔当然不是随便挖的，它们的排列顺序是有依据的。

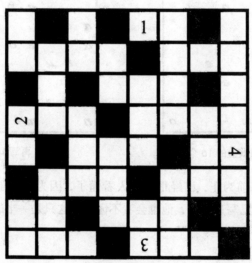

图 35　方格密码纸

（请用纸做同样的一张，破解一下图 35 中的内容）

我们来举例说明一下。假设地下工作者安东要给上级发一张小字条，内容是：

有人向警察局告密，请将区代表会议取消。安东。

他需要准备一张和方格密码纸一样大的白纸，把方格纸放在上面（注意方格纸上的数字1要在正上方），将他要写的内容，一个字母一个字母地写在方格孔里。当然，一共只能写16个字母：

代表会议……

图36是移开方格纸后白纸上的字迹。

仅有的16个字母让这张白纸看起来没有任何秘密可言，但这只是开始，不可能就这样把它传递出去。接下来安东再把方格纸放在白纸上，不过这次方格纸被顺时针转了90°，数字2位于正上方。方格孔里露出来的当然是白纸的空白部分，他又继续写了16个字母。再把方格纸移开，白纸上的字迹就是图37中的样子。

图 36　白纸上的 16 个字母

图 37　再写 16 个字母

我相信到目前为止，已经很难有人看懂了，因为即使是书写者本人，如果他不记得自己写过什么，他也会看不懂。但这只是一半的工作。

现在已经写完的是：

请将区代表会议取消，有人……

是的，你一定想到了，安东又将方格纸旋转90°，使数字3位于正上方，再写下16个字母。

现在白纸上已经是如图38所示的状态了。最后，地下工作者安东将方格纸上的数字4转向正上方，在方格孔中写下了剩下的几个字母，写完后还有3个孔没有写满，他就随便写下了字母填补了空白。

看看图39中写完的密码信，你还能看出它的内容吗？就算是警察也不可能看出什么，因为只有收信人和写信人能看懂内容，你知道为什么吗？他们手里有一模一样的方格密码纸啊！是不是很高明？

图38　再次旋转方格纸　　　　　图39　写完的密码信

这张纸送到收信人的手里，他要怎样读懂呢？当然是使用他手里那张一样的方格密码纸，使数字1处于正上方，放在这张纸上，用笔抄下露出的16个字母，然后像安东写信时一样依次旋转方格纸，抄下每一次的字母，直到把全部的内容记录下来。

并非所有的方格密码纸都是正方形的，它也可以是如图40所示的长方形。

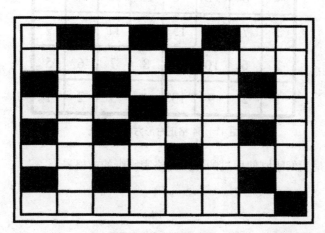

图40　长方形方格纸

这种密码纸的方格孔也是长方形的，所以不仅可以写一个字母，还可以写几个字母，如果写得下，甚至可以写一个单词。

有的读者会认为这样更容易辨认，真相恰好相反。即使你看懂了某些音节或单词，但它们如此杂乱地混成一团，想把它们正确地拼成那些正确的句子简直太难了！用这种密码纸写出来的信更安全，机密性更强。

那么使用长方形方格密码纸也像使用正方形纸时一样的程序吗？不是

的，它的程序是先正放，再反放，然后向左旋转一次，再转向右侧一次。这样每次都可以将前面写过的部分遮挡起来。

　　方格密码纸的种类绝对不仅是这一两种，否则是不可能有保密作用的，因为警察也同样可以掌握这种密码纸，密信很快就会被破译了。所以人们设计出了各种各样种类繁多的方格密码纸。

　　图41是所有能做出来的64格正方形方格密码纸。每次随便你从中选择任意16个格子挖成方格孔，你选择的时候，要注意方格的编号不能重复。

1	2	3	4	13	9	5	1
5	6	7	8	14	10	6	2
9	10	11	12	15	11	7	3
13	14	15	16	16	12	8	4
4	8	12	16	16	15	14	13
3	7	11	15	12	11	10	9
2	6	10	14	8	7	6	5
1	5	9	13	4	3	2	1

图 41　64 格正方形方格密码纸

下面是我们刚刚使用过的那张方格密码纸的方格号：

$$
\begin{array}{ccc}
2 & 4 & 5 \\
 & 14 & \\
9 & 11 & 7 \\
 & 16 & \\
8 & 15 & \\
3 & 12 & \\
10 & 6 & \\
1 & 13 &
\end{array}
$$

仔细检查一下，是不是所有的数字都不重复？

图41是一个强大的64格方格密码系统，只要你了解了其中的规律，看懂它就不难。

仔细观察，你可以看出它被分成了如图42所示的四个小正方形。我们按照正常的顺序将这四个小正方形分别编号为Ⅰ、Ⅱ、Ⅲ、Ⅳ。将正方形Ⅰ顺时针旋转90°，就可以得到Ⅱ；将Ⅱ顺时针旋转90°，可以得到Ⅳ；将Ⅳ顺时针旋转90°，可以得到Ⅲ。

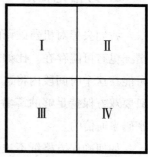

图42 被分成4份的图41

在这个系统中，究竟有多少种方格密码呢？我们用数学方法来分析一下。每张方格密码纸都要挖出16个方格孔，1号孔可以在Ⅰ、Ⅱ、Ⅲ、Ⅳ中的任意一个版块选取，不论在哪个版块选择，与之相配的2号方格孔也同样可以在四个版块中的任意一个中选取，也就是说：

1号和2号方形孔有$4 \times 4 = 4^2 = 16$种选法；

1、2、3号方形孔有$4 \times 4 \times 4 = 4^3 = 64$种选法；

……

最终可以确定：16个方形孔有4^{16}种选择方法——这个数字超过40亿！即使排除那些因为窗口相连而不方便使用的情况，可选的方格密码纸仍数以亿计，其中任何的一种，都不过是汪洋大海中的一颗小水滴！如果你热衷于答疑解惑，不妨试着找出属于你的那份密码纸。

但仅凭一腔热情来人工破译方格密码信简直是天方夜谭。即使制作一张密码纸并检查它的适用性仅需1秒钟，那么破译一张字条很可能也需要用几亿分钟！这意味着什么？这意味着几千年！

本书中多次提到有快速运算功能的计算机，只要为它编写了适用的程序，它完成上百万次的计算也仅仅需要1秒钟的时间。破译方格密码信对它来说不是难题，它不仅可以计算，还可以挑出有可能适用于密码信的方格纸，并逐一检查是否能使信件得到破解。举例来说，假如检查一张方格密码纸需要的时间是千分之一秒，那么对几亿张方格密码纸进行选择和筛选最多只需要几昼夜就可以完成。所以说，在现代科技之下，通信保密工作几乎已经非常困难。

2. 方格记忆法

我们去掉对机器破译的恐慌，假设双方并不担心会被机器破译，这种情况也有可能存在。比如需要保密的时间短，只有两三天；局外人也不大可能在这个时间段内将这个字条拦截并送去计算机中心。在这种情况下，只要双方保持足够的警惕，确保不会被外人得到方格纸，就可以使用方格密码来通信的。

如何确保方格纸不被外人所得呢？最保险的办法是不保存方格纸。写信的一方，写完信后就将方格纸毁掉；收信的一方，收到信以后再刻出方格纸，读完信后也是立刻将它毁掉。但问题又来了，如果不能记住方格孔的位置，怎么能临时刻出密码纸呢？

用数学的方法来帮忙，记住方格孔的位置并不难。假设我们用1表示方格孔，用0表示其他未被挖开的方格，图43所示方格纸的第一行就可以用"01010010"来表示，将第一个1前面的0省略，就变成"1010010"。

第二行也省掉前面的0，可表示为"1000"。

下面的几行分别表示为：10100010、10000、1000 100、10001000、100010、10001。

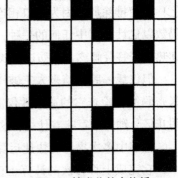

82=01010010

8=00001000

162=10100010

16=00010000

68=01000100

136=10001000

34=00100010

17=00010001

图 43　算术化的方格纸

为了方便记忆，我们不把它们看成是按照十进位进行的记录，我们把它当作二进制的记录结果。也就是说，1不是它右边相邻数字的10倍，而是2倍。只有末位的1才代表1，倒数第二位的1就相当于2，倒数第三位的1就相当于4，第四位上的1表示8，第五位上的1表示16，等等。

按照这种思路，表示第一行方格孔位置的"1010010"所对应的十进制数就是：64+16+2=82，0所表示的是所在数位上单位的缺省。

表示第二行方格孔位置的"1000"代表的十进制数为8。

其他各行所代表的十进制数是：

$$128+32+2=162$$

$$16$$

$$64+4=68$$

$$128+8=136$$

$$32+2=34$$

$$16+1=17$$

你需要记住这8个数：82、8、162、16、68、136、34、17。这并不难，而且可以从这8个数中找到密码纸上的方格孔位置。

具体的步骤是怎样的呢？我们以代表第一行的十进制数82为例。首先判断它含有几个2，82÷2=41，可以整除，余数为0，这代表第一行最后一个方格是0。

然后是第一行的倒数第二个方格，判断一下刚刚得到的41里有几个2，可用41除以2，结果为20余1，可见这个位置上是1。

接下来要判断倒数第三个方格，用20除以2，20÷2=10，可以整除，所以这个方格为0。

10÷2=5，可以整除，倒数第四格为0；5除以2结果为2余1，倒数第五格为1；2÷2=1，可以整除，前一格为0，最前面的数位（64位）为1。

现在确定了的数字组合为：1010010

这是7个数字，方格密码纸横向纵向都是8个格，所以最前面的一位肯定是被省略的0。完整的数字组合为：01010010。

现在可以非常直观地得出结论：第2、4、7个格子为方格孔，其他位置上没有孔。

用同样的方法，可以确定其他七行格子中的方格孔位置。

就像你所看到的那样，保密系统种类繁多，方格密码纸只是其中的一种。我之所以选择用它来与读者共享，皆因它与数学的密切关系。而我们这一次所讨论的过程也再次证明，数学学科涉及各行各业，涉及生活的方方面面，它异彩纷呈，令人着迷！

第六章

从小数字变成大巨人

1. 从天而降的财富

没有人知道这个故事发生在什么时间或什么地点，甚至很可能根本没有发生过。但这些都并不重要，因为它是如此引人入胜，值得一听。

** ** ** ** **

百万富翁出门没多久，就满面春风地回了家。原来，他在路上遇到了"贵人"——一个据说能为他带来丰厚利润的人。

"真是喜从天降！"他对家人说，"人家都说'钱找钱'，看来真是有道啊！现在居然有钱主动跑来找我的钱了。真是太意外了！我刚才出门，在路上遇见一个人，他的长相和穿着都普普通通，按说我是不会理这种人的，但他先和我打了招呼。他试探着，说我看起来像个富翁。我当然不好意思不理他，于是就交谈了几句。说到最后，他就提出要给我一个能赚大钱的生意。你们知道吗？这生意简直让我兴奋得透不过气来。"

"'我们两个来制定一个协议，'他是这样说的，'我们约定一个月的时间，在这一个月内，我每天早上给你10万卢布。'这笔钱当然不会白给我的，但你们知道我要付给他的费用有多低吗？低到……真是让人忍不住笑出声来，根据他说的那个协议，我第一天总共只需要支付给他1个戈比。我简直不敢相信这是真的。

"'真的只有1戈比？'我向他确认了一遍。

"'是的，1戈比，'他回答说，'但第二天我再给你送10万卢布时你要给我2戈比。'

"'那么接下来呢？'我忍不住追问他。

"'接下来都按照这个规矩：第三天的10万卢布你要付我4戈比，第四天8戈比，第五天16戈比……就这样直到月底，每天你都要比前一天多付一倍的钱给我。'他这样说。

"'还有吗？'我迫不及待地想知道全部。

"但他说：'没有了，只有这些。不过我们必须严格遵守这个协议，我保证每天早上给你10万卢布，你要保证每天按照协议付钱给我。不满一个月，谁也不准停止协议。'

"我想，这个人也许是脑子有病，用10万卢布换1卢布，除非是假钱，否则谁会这么蠢？但我又一想，如果钱是真的，这可真是个赚大钱的买卖，错过太可惜了。

"所以我说：'好的，你每天按时把10万卢布给我，我说话算话，按约定付钱给你，你可不要骗人啊。'

"'放心吧，'他说，'明天一早我就来。'

"就这样我们分了手，我忍不住把这个消息赶快告诉你们。可是我现在只有一个担心，他真的会来吗？可别回去算算发现自己要做的这个买卖不划算，明天就不敢来了。我们还是等着瞧吧，反正明天已经快要到了。"

新的一天很快来临了，还是大清早，就有人咚咚地敲富翁的窗户，富翁打开窗户一看，正是昨天和他约好的人。

"把钱准备好了吗？"那人说，"我可是按约定拿钱来了。"

那个人一进屋，就开始从口袋里往外掏钱，边掏边说："都是真的，不用担心，这是10万卢布，你数好。我已经按协议做了，该你了。"

富翁提心吊胆地拿出一枚铜币放在桌上，担心着这位"贵人"会不会把10万卢布收回口袋带回去。可那个人拿起1戈比掂了掂，放进了口袋，然后叮嘱富翁说：

"明天我还是这个时间来，别忘记了我的2戈比。"说完，转身走了。

看着眼前这"从天而降"的10万卢布，富翁简直有些回不过神来。他仔细检查了一番，的确是10万卢布，而且绝对不是假币！他小心地把钱藏到了一个自己认为保险的地方，然后就开始盼着第二天的到来。

可是夜里躺在床上，富翁还是觉得心里没底，他胡思乱想着："这人该不会是个坏人假扮的，想试探出我把钱放在哪，然后要带着一群强盗来抢我的钱吧？"

他开始觉得害怕，从床上爬起来把门锁得紧紧的，并且躲在帘子后面时不时地向窗外看，竖着耳朵听外面的动静，整夜也不能入睡。

第二天的早晨就在富翁的提心吊胆中到来了，敲门声如约响起，那人又拎了装钱的口袋过来，把10万卢布放在桌上后，拿着富翁给他的2个戈比转身走了。临走前丢下一句话："准备好明天的4戈比。"

富翁所有的担心都没有了。第二个10万卢布真实地摆在他面前，而且他仔细观察了送钱的人，他看起来并不贼眉鼠眼，也不凶恶，只要自己的戈比，对别的根本不在意。

"真是个怪人，"富翁想，"要是世上多点这种傻瓜就好了，我们这些聪明人就可以活得更舒服些了……"

第三天，那人又送了10万卢布来，并拿走了4个戈比。

第四天，他用第四个10万卢布换走了8戈比。

第五天，他带来第五个10万卢布，换走了16戈比。

第六天，他的第六个10万卢布为他换到了32个戈比。

到了第七天，富翁已经得到了70万卢布，而他一共才给了那个人1戈比+2戈比+4戈比+8戈比+16戈比+32戈比+64戈比=1卢布27戈比！

图44 每天有10万卢布"从天而降"

富翁对这个结果很满意，他甚至已经开始后悔了，照这样下去，一个月下来，他一个月得到的钱数最多只不过300万。要不要说服那个人把协议的期限延长一些呢？哪怕只是半个月也行啊！可是他又不敢，他担心这样做反而提醒那人，使他意识到把钱白白地送了人。

但那人好像没有这么多心理活动，他每天早上如约带着10万卢布出现，并换走约定好的钱数。第八天是1卢布28戈比，第九天2卢布56戈比，第十天5卢布12戈比，第十一天10卢布24戈比，第十二天20卢布48戈比，第十三天40卢布96戈比，第十四天81卢布92戈比。

两周过去了，富翁心甘情愿地每天向那个人支付约定的费用。到现在为止，他已经拿到了140万卢布，而给那人的钱总共大约150卢布。

但富翁的快乐从第三周就开始掺杂了担忧。因为他开始意识到他的这个生意伙伴也许的确不是什么老实人，而且自己为这笔生意付出的钱越来越多，已经不像开始时那么无所谓了。从第十五天开始，富翁支付给那人的费用就开始以百计了，而且增长的速度令人吃惊，具体如下：

第十五天，163卢布84戈比

第十六天，327卢布68戈比

第十七天，655卢布36戈比

第十八天，1 310卢布72戈比

第十九天，2 621卢布44戈比

不过富翁还是可以接受，因为尽管他已经支付了几千卢布给那个人，但对比那人送来的190万卢布，几千卢布仍是微乎其微的。

然而接下来的时间里，他的利润开始飞速地下降，支付给那人的费用越来越多。你可以看看他在8天的时间里支付出去的钱：

第二十天，5 242卢布88戈比

第二十一天，10 485卢布76戈比88

第二十二天，20 971卢布52戈比

第二十三天，41 943卢布04戈比

第二十四天，83 886卢布08戈比

第二十五天，167 772卢布16戈比

第二十六天，335 544卢布32戈比

第二十七天，671 088卢布64戈比

你肯定已经发现，富翁支付出去的费用已经超过了他得到的所有10万卢布的总和。“要是协议能中止下来就好了。”富翁想。但两人早有协议，不能中途反悔。

直到最后富翁才如梦方醒：这个人果然不是好人，他残酷地用计谋骗了自己一大笔钱，虽然他给了自己300万卢布，但骗走的却比300万卢布多得多。

是的，富翁已经倾家荡产了！我们看看他最后三天支付出去的钱数：

第二十八天，1 342 177卢布28戈比

第二十九天，2 684 354卢布56戈比

第三十天，5 368 709卢布12戈比

这些钱从第二十八天起就达到了上百万，最后两天更是让富翁彻底

破产。

协议终于结束了，那人送来最后一个10万卢布，并拿着富翁给他的最后一笔钱离开了。他走后，富翁计算了一下自己因为贪图300万卢布究竟付出了多大的代价，他的计算结果是10 737 418卢布23戈比。

这是将近1 100万卢布！这个巨大的骗局只是从1戈比开始的！就算那个人每天都给富翁拿来300卢布，这场交易他也不会吃亏！

** ** ** ** **

故事讲完了。现在我们来看一下，怎样才可以快速地计算出富翁亏损的钱数。或者说，如何用最快的速度计算出下面这个数列的和：

$$1+2+4+8+16+32+64+\cdots$$

仔细观察这个数列，你会发现每个数都是前面所有数的数之和再加1，比如：

1=1

2=1+1

4=（1+2）+1

8=（1+2+4）+1

16=（1+2+4+8）+1

32=（1+2+4+8+16）+1

……

想要计算该数列所有数之和，比如说这个数列是从1到32 768，计算它们的和需要用最后一个数加上前面所有的数，或者说，只要用最后一个数加上它与1的差就可以了。我们的计算结果是：32 768+32 767=65 535。

这也就意味着，想知道贪财的富翁一共付给骗子多少钱，只需要知道他最后一次支付的钱数就可以了，这个钱数是5 368 709卢布12戈比。

现在我们可以迅速地计算出他的损失：

5 368 709卢布12戈比+5 368 709卢布11戈比=10 737 418卢布23戈比

如果富翁肯在一开始就算算这笔账该多好呢？现在说什么都晚了。

2. 消息的传播

消息在城市中以流言的方式传播，速度惊人。有时候一件事发生时只有几个人看到，可是距离事件发生还不到2小时，消息就已传遍了全城，所有的人都听说了这件事！这种传播速度之快简直令人瞠目结舌。但仔细想想，其实也没有什么神奇之处：流言本身并不神秘，是数字的特性让一切真相大白。下面我们就来看这样一个故事。

**　**　**　**　**

早上8点整，一位来自首都的旅游者来到了一座仅有5万人口的小城，同时也带来了一则最新的火爆消息。

他找了个落脚的地方，并立刻和那里的当地人闲聊了起来，当然最先说的就是这个火爆的消息，当时与他闲聊的一共有3个人，他们结束交谈的时间是8点一刻。这时知道这个消息的共有4个人：那位旅游者和3个当地人。

消息果然是相当火爆，3个当地人急急忙忙地告诉给了其他人——他们每人都告诉了3个人。这个过程总共用时1刻钟。

于是消息到达这个小城仅仅用了半个小时，就已经有$4+3 \times 3=13$个人知道了。

刚刚听到这个火爆消息的9个人又用了一刻钟的时间分别把这个消息传达给了另外的3个人。差一刻钟9点的时候，小城里已经有$13+3 \times 9=40$个人知道这个消息了。

如果流言的传播就这样继续向下进行——每个刚刚听到消息的人都在一刻钟内把这件事告诉另外3个当地人，那么接下来得知消息的人数就会不断扩大：

9点整　　　　$40+3 \times 27=121$人

9点15分　　　$121+3 \times 81=364$人

9点30分　　　$364+3 \times 243=1\,093$人

仅仅是一个半小时的时间，就已经有近1 100人知道了这个火爆的消息。但是小城里一共有5万当地人，相对来讲，1 100人好像并不多，消息传播的速度其实也没想象的那么快，有的人也许会这样想。我们不妨继续关注流言的传播情况：

9点45分　　　$1\,093+3 \times 729=3\,280$人

10点整　　　　$3\,280+3 \times 2\,187=9\,841$人

再过一刻钟，人数就会超过小城人口的一半了：

$$9\ 841+3\times 6\ 561=29\ 524\ 人$$

这意味着，早上8点刚刚到达小城的那则火爆消息，只需要2个半小时就能传遍全城了。

** ** ** ** **

现在我们来分析一下，上面的计算是怎样完成的。

如何得出在某一时刻知道消息的总人数，其实只需要求出下面数列之和就可以了：

$$1+3+3\times 3+3\times 3\times 3+3\times 3\times 3\times 3+\cdots$$

图45 流言的传播

此数列中的数有如下的排列特点：

$1=1$

$3=1\times 2+1$

$9=（1+3）\times 2+1$

$27=（1+3+9）\times 2+1$

$81=（1+3+9+27）\times 2+1$

这意味着，数列中的每个数都是前面所有数之和的2倍再加1。所以这个数列同样能像上一题的数列一样，有最简单，也是最快速的求和方法：将最后一个数减去1再除以2，然后加上它本身。

比如：$1+3+9+27+81+243+729=729+728\div 2=729+364=1\ 093$

** ** ** ** **

我们前面所讲的消息传播的故事，每个人都是在听到流言后告诉了另外3个人。但也许小城里有不少爱多嘴的人，他们把听来的流言告诉了3个以上的人，比如说5个甚至是10个，那么传播的速度就更快了。

我们假设每个人都把流言向下传了5个人，那么这个流言在城市中的传播经过就变成了下面的样子：

时间	知道消息的人数
8 点整	1 人
8 点 15 分	1+5=6 人
8 点 30 分	6+5×5=31 人
8 点 45 分	31+25×5=156 人
9 点整	156+125×5=781 人
9 点 15 分	781+625×5=3 906 人
9 点 30 分	3 906+3 125×5=19 531 人

这样看来，还不到9点45分，这则火爆的消息就已经传遍全城了。

下面我们假设每个人都把流言向下传了10个人，那么传遍全城的速度还会更快。将每个时间的传播人数统计起来，我们又得到了一个迅速增长的数列：

时间	知道消息的人数
8 点整	1 人
8 点 15 分	1+10=11 人
8 点 30 分	11+100=111 人
8 点 45 分	111+1 000=1 111 人
9 点整	1 111+10 000=11 111 人
9 点 30 分	3 906+3 125×5=19 531 人

这个速度显然更可怕，8点钟到达城市的消息，刚过9点没几分钟，全城的人就全都知道了。这仅仅才用了一个小时多几分钟的时间而已！

3. "雪崩"骗局

革命前，我们国家曾有一些企业主喜欢用一种特殊的销售方法出售自己的产品。他们会先在一些发行量比较大的报纸和杂志上刊登类似下面这种内容的广告：

自行车只卖10卢布！

为自己买一辆自行车只需要10卢布！

机不可失！

只花10卢布就能买50卢布的货！

免费领取购买说明！

很多人被这则广告吸引，写信向这些企业领取购买说明。他们当然很快收到了企业寄来的信件，并知道了下面的内容：

他们花10卢布能买到的其实只是4张购买票，拿到票后，他们要以每张10卢布的价格把这些票卖给其他人，集齐40卢布后把钱寄给企业，然后才能得到一辆自行车。这样算起来，他们的确只花了10卢布，因为剩下的40卢布不是他们的钱。尽管除了10卢布，还要再为兜售那4张票费些口舌，但跟一辆自行车对比来说，实在算不了什么。

那么另外4张票的作用是什么？为什么会有人同意花10卢布买一张？它们的作用是每张票可以到公司兑换5张购买票。也就是说，他只要把这5张票卖掉，就可以用积攒的50卢布换一辆自行车，而他自己只花了1张票的10卢布。那么从他们手中买了票的人呢？可以拿着那张票去公司换5张票，进行下一轮的传销。表面上看，企业兑现了广告中的承诺——使购买者只花10卢布就买到了价值50卢布的自行车，而企业方也全价售出了所有的产品，这似乎非常公平，没有什么欺骗性。

但事实上，这个销售活动本身就是一个骗局。这种骗局被我们称为"雪崩"，法国将它称为"雪球"，承担全部损失的是最末一层的、大量的没能将票成功售出的参与者，而这个无法售出的结局早晚都会出现，区别只不过是在谁的手里发生罢了。如果你手里正拿着笔，不妨计算一下被拉入"雪崩"骗局的人数增长的速度，你就会了解这一切。

第一批直接从企业方拿到票的人并不需要费什么劲儿就能成功地将票推销出去，他们每人拉入4个参与者。这4个人要费尽唇舌地宣传这种购物方式的优势，从而吸引20个人来买他们手里的票，如果他们成功了，就会再有20个人加入。接下来"雪崩"持续进行，这20个人会用每人手里的5张票拉入20×5=100个新的参与者。截至目前，第一批参与者中的每个人都为这个活动拉入了1+4+20+100=125个参与者。在这125个人中，只有25个人拿到了自行车，而其他的100人用10卢布换来的不过是一个希望罢了。

开始的时候，"雪崩"还只在熟人间进行，渐渐地便开始脱离这个圈子，向城市的四面八方蔓延。由100个人拉入500个人，500个人拉入2 500个人……随着加入人数的增多，新鲜血液也就越来越难找，购买票的销售工作越来越难做。下面的"数字金字塔"是"雪崩"骗局的加入人数呈现出来的规律增长：

1

4

20

100

500

2 500

12 500

62 500

如果这座城市会骑自行车的居民有62 500人之多，那么这场骗局就会在第八轮停止。你可以发现，这时所有会骑自行车的人都被拉了进来，但得到自行车的人数却只有 $\frac{1}{5}$ ，其他的 $\frac{4}{5}$ 只得到了一张卖不出去的票。

即使这座城市会骑自行车的人有上百万，这个结局也不过是晚几轮出现罢了，因为"雪崩"的速度之快令人难以置信。

刚刚的数字金字塔接下来的几层是这样的：

312 500

1 562 500

7 812 500

39 062 500

你看，当"雪崩"进行到第12轮时，波及的人数就已经相当于全国的人口数了，而其中的 $\frac{4}{5}$ 都将是为骗局埋单的人。

现在我们来总结一下这个活动的经过。企业主举办"雪崩"的活动有什么目的呢？它通过欺骗的手段，迫使 $\frac{4}{5}$ 的人为 $\frac{1}{5}$ 的人购买的商品付账，每牺牲4个人换来对1个人的守信，公司分文不出便得到了一大批卖力的推销员。有一位作家将它生动地描述为"欺骗式雪崩"。只有那些不懂得用算数计算来保护个人利益的人才会受骗，而将目光瞄准他们的，就是隐藏在事件背后的数字巨人。

4. 棋盘上的麦粒

作为最古老的游戏之一，国际象棋已经存在了许多个世纪，关于它的传说也是五花八门，当然这并不奇怪。而这些传说的真实性也早已无从考证。

我想给读者讲一个关于国际象棋的数学传说，要听懂这个传说不必精通国际象棋，只需要知道它是在一个被划分为64个黑白方格的棋盘上进行的就行了。

** ** ** ** **

印度国王舍拉姆学会了下国际象棋，渐渐地为其中所蕴含的巧妙与棋局的多样性赞叹不已，并愈发着迷。当他得知发明国际象棋的人是自己的臣民时，非常高兴，马上下令召此人进宫，要给予重赏。

国际象棋的发明者——印度人谢塔就这样来到了国王的面前，他是位朴素的学者，靠教学维生。

国王说："谢塔，你发明了一个出色的游戏，我要对你进行赏赐。"

谢塔向国王深深地鞠了一躬。

"你想要什么？可以大胆提。说出你所能想出的最大胆的奖励，如果能令我满意，我就立刻满足你。"国王接着说。

谢塔没有说话。

"别怕，我亲爱的谢塔，"国王鼓励他，"说出来吧，只要能实现，多少财富我都不在乎。"

谢塔终于回答道："仁慈的陛下，请给我一点时间吧，让我好好想一想。希望您允许我明天再来向您提出我的请求。"

第二天一大早，谢塔再次来到国王面前，提出了一个非常简单的要求，这让国王感到十分惊讶。

"陛下，"谢塔说，"我想要的奖励就在一个棋盘上。我想请您为棋盘的第一个方格赐予我一颗麦粒。"

"就是，小麦的麦粒？"国王奇怪地问。

"是的，仁慈的陛下。请您为第二个方格赐予我2颗麦粒，为第三个方格赐予我4颗，第四个8颗，第五个16颗，第六个32颗……"

图46　棋盘上的奖励

"够了！"国王生气了，"我允许你随便要数不清的财富，你却只想要64个方格的小麦粒！真是辜负了我的慷慨！这微不足道的奖励，简直是对我的藐视！作为一名老师，你原本可以做一个感念国王仁慈的榜样，真没想到你如此胸无大志！好吧，我可以满足你，每个方格给你前一个方格2倍的麦粒。现在你走吧，我的仆人会把麦粒给你拿出去的。"

谢塔轻轻地笑了笑，向国王鞠躬告别，转身走出了王宫，在宫门口等候起来。

午饭的时候，国王想起了这件事，于是派人去问谢塔是否已经把那可怜的奖赏带回了家。

派去的人很快回来汇报说："陛下，您的命令还没有执行完毕，宫中的数学家仍在计算应该赏赐给谢塔的麦粒数量。"

国王有些不高兴，从来没有人敢如此慢地执行自己的命令。

直到晚上睡觉前，国王还惦记着这事儿，他又问："那个谢塔是什么时候把麦粒拿走的？"

侍从回答说："尊敬的陛下，数学家们仍在计算中，他们打算熬个通宵，希望能在天亮前计算出结果。"

国王生气了："这点事怎么办得如此拖泥带水？明天我睡醒之前，必须让谢塔把最后一颗麦粒带走！我不会再重复这个命令！"

第二天国王起床后，侍从禀报说："宫中的数学家代表有要事求见。"

"让他进来。"

年老的数学家代表来到国王面前。

"事情办得怎么样了？谢塔拿着他那点麦粒走了吗？"舍拉姆问。

"陛下，老臣斗胆这么早来求见您，正是为了此事，"老数学家说，"我们认真地计算了谢塔应得的赏赐，但麦粒的数量非常巨大……"

"那又怎样？再大也不会拿空我们的粮仓。既然答应了他，就要如数发给他。"国王傲慢地打断了他。

"可是陛下，我们的粮仓没能力给谢塔这么多麦粒，就算把整个粮仓给他也不够，全国的粮仓加起来也不够，全世界的粮仓里的麦粒都加起来，也不能满足谢塔的要求。如果您一定要履行承诺，就得下令把地球都变成耕地，那就得把海洋抽干，把北方荒漠上的冰雪融化，把所有的空地都种上小麦，然后把这些土地上出产的所有小麦都给谢塔，也许只有这样才能实现您的恩赐啊！"老数学家苦口婆心地给国王解释。

国王吃惊极了，听完这一切，他沉思了片刻，说："告诉我，这个庞大的数字是多少啊？"

老数学家带着哭腔回答："老臣现在还只能告诉您一个算式：$18 \times 10^{18} + 446 \times 10^{15} + 744 \times 10^{12} + 73 \times 10^9 + 709 \times 10^6 + 551 \times 10^3 + 615$。您听听吧！我的陛下！"

**　**　**　**　**　**

这个数学传说讲完了。它是否真实发生过，没有人知道。但是传说中谢塔所要的赏赐用数字表达出来应该就是这个结果，如果你有兴趣耐心地进行计算，也会得出同样的结论。

我们从1开始求出以下数列的和：

1，2，4，8，16，32，…

第六十三次翻倍的结果就是发明者为64个方格所要求的奖励。根据前面《从天而降的财富》中提到的计算方法，我们将最后一位数乘以2再减去1，就可以快速得出谢塔所要求的麦粒总量。也就是说，可以将这个计算归结为64个2的乘积：

$$2 \times 2 \times 2 \times 2 \times 2 \times 2 \times 2 \times 2 \times \cdots （连乘64次）$$

为了使计算过程更为简洁，我们将这64个因数分为7组，前6组每组有10个2相乘，第7组有4个2相乘。10个2的乘积是1 024，4个2的乘积是16，因此上式可化简为：

$$1\ 024 \times 1\ 024 \times 1\ 024 \times 1\ 024 \times 1\ 024 \times 1\ 024 \times 16$$

由于1 024×1 024=1 048 576，因此上面的算式可进一步简化为：

$$1\ 048\ 576 \times 1\ 048\ 576 \times 1\ 048\ 576 \times 16$$

从计算出的结果中减掉1，就是国王承诺赏赐给谢塔的麦粒总数：

$$18\ 446\ 744\ 073\ 709\ 551\ 615$$

这个数到底大到什么地步？如果你愿意想象一下，就计算一下堆放这么多的麦粒需要一个多大的粮仓吧。首先你需要知道一个数据，那就是粮仓中每1立方米的小麦可以堆的麦粒是1 500万粒。这意味着国王赐予国际象棋发明者谢塔的麦粒可以占据的体积大约是12 000 000 000 000立方米，也就是12 000立方千米！我们假设这个粮仓高4米，宽10米，那么它的长度就会是300 000 000千米——这可是太阳和地球之间的距离的2倍啊！

就像老数学家说的那样，印度国王不可能给得起这么大的赏赐，就算他能统治整个地球，也得填海开荒才能凑够了土地才能种植。但是，如果他有足够的数学天赋，其实很容易从这个尴尬中解脱出来，那就是要求谢塔自己去把应得的赏赐一粒一粒数出来。因为如果是这样的话，尴尬的就会是谢塔了。

从数第1粒起，夜以继日地以每秒1粒的速度一刻不停地数，一昼夜也只能数出86 400颗，不间断地数上10个昼夜才能数出1 000 000粒。想要把1立方米的麦粒数出来需要将近半年的时间，这才不过是5俄石罢了。就算他一刻不停地数10年，数出的麦粒也不会超过100俄石。是的，就像你看到的那样，我们的国际象棋发明者就算是把后半生的每一秒都用来数麦粒，他数出的那部分对于他自己向国王所要求的赏赐来说，也不过是微不足道的一小部分。

5. 不能实现的承诺

为了纪念中学毕业，10个学生到餐馆聚餐。当第一道菜端上来时，他们却因为就座的问题争论了起来。到底是按姓氏、按年龄、按毕业的成绩，还是按个头高低来排座次？大家的主张都不一样。服务员手中的菜已经凉了，他们还站着争论不休。

服务员站在一旁实在听不下去了，决定帮助他们结束争论。他说："我亲爱的朋友们，先不要吵，听我说。大家先随便坐下，先听我说。"

于是大家停止争论，随便坐下，听他怎么说。

"我的建议是，今天就按现在的顺序就座。明天你们再来这里吃饭，到时候换一种顺序坐。欢迎你们后天还来，那时再换一种顺序……每天换一次，直到把所有可能的顺序都尝试一遍。我现在在向你们保证，等到哪天你们重新再坐到今天的排列顺序，我就从那以后永远请你们免费吃最美味的午餐！你们觉得怎么样？"

服务员的建议受到了大家的热烈拥护，于是大家决定每天都来聚餐，尽快把所有的坐法试完一遍，以便尽早开始享用免费的美味午餐。

令人感到遗憾的是，他们到底没有等到那一天的来临。难道是服务员不讲信用？不是的。发生这个结果的原因是，10个人能排出的不同顺序简直太多了，多到居然有3 628 800种！

这意味着，如果每天尝试1种，要1万年才能全部尝试完！

或许你会觉得这个结果太离谱了，10个人而已，怎么可能会有需要用1万年才能轮完一遍的排列方法？那么你不妨亲自计算一下吧。

首先我们先练习一下怎样确定排列的数量。就从3个物品开始练吧，假设这3个物品是A、B、C。我们想要知道的是，它们有多少种排列方法？

先将物品C暂时放在一边，剩下的A和B只有两种排列方法。（图47）

图47 两种物品的排列

把物品C加入到A和B的排列方式里共有3种方法，也就是把C放在A和B的前面、后面和中间。显然，对于物品C来说，这也是仅有的3种排列方式了。但因为我们的物品A、B共有2种排列方式，所以3种物品的排列方式就一共有：2×3=6种。（如图48）

现在我们继续计算4件物体品排列。

假设这4件物品是A、B、C、D。我们仍旧先把其中的1件放在一边，比如物品D。

图48　三种物品的排列

先用剩下的3件物品排出所有的排列方式，像前面计算的那样，A、B、C的排列方式有6种。

把物品D分别加入到这6种排列之中，有几种方法？显然各有4种。分别是：把D放在ABC的前面、ABC的后面、放在AC之间、放在BC之间。

因此四件物品的排列方式有6×4=24种，由于1×2=2，2×3=6，因此这个算式又可以写成：

$$1×2×3×4=24 \text{ 种}$$

用同样的方法，我们很容易地推断出5种物品的排列方式一共有：

$$1×2×3×4×5=120 \text{ 种}$$

6件物品的排列方式有：

$$1×2×3×4×5×6=720 \text{ 种}$$

那么现在我们把目光转回到10位聚餐的学生身上。用刚刚推断出来的规律，可以确定10个人的排列方法有：

$$1 \times 2 \times 3 \times 4 \times 5 \times 6 \times 7 \times 8 \times 9 \times 10 = 3\ 628\ 800\ \text{种}$$

如果10个学生中有5名是女生，而且他们想要和男生交替排列，会有几种排列方式呢？计算的难度肯定会增加，但结果一定会比3 628 800种要少。

先让1名男生随便坐下来，他可以坐在任意一把椅子上，因此一共有10种坐法。其他4名男生每隔一个位置坐1名，每2名男生之间要留一个位置给女生。这种坐法的排列方式有：

$$1 \times 2 \times 3 \times 4 = 24\ \text{种}$$

所以全部的男生的坐法一共有：

$$10 \times 24 = 240\ \text{种}$$

坐在男生之间的空位上的5名女同学的坐法有：

$$1 \times 2 \times 3 \times 4 \times 5 = 120\ \text{种}$$

将5名男生和5名女生的坐法结合在一起，可以计算出这10名同学男女交替就座的方法共有：

$$240 \times 120 = 28\ 800\ \text{种}$$

这可比前一个数字要小得多。但即使是这样，也要将近79年才能把所有的排列方式轮完一遍。如果这些学生这一辈子都坚持每天去光顾一次，也得变成百岁老人的时候才能等得到免费的美味午餐。到时候如果这位服务员不能再为他们服务，恐怕就得由他的后代来完成这个承诺了。

在学会这种计算排列方式的方法之后，我们就可以计算出前面提到过的"15个棋子游戏"中的15个棋子一共有几种排列方式了，也就是说，能够计算出这个游戏一共能有多少道题提供给我们。这很简单，不过是15个物体的排列数，将它们连乘就可以了：

$$1 \times 2 \times 3 \times 4 \times \cdots \times 14 \times 15 = 1\ 307\ 674\ 368\ 000$$

这又是一个令人瞠目结舌的数！它超过了10 000亿！

如果这些题目中的一半无解，那么这个游戏中的无解排列就有超过6 000亿个。这也就是为什么那么多人对于"15个棋子游戏"的无解问题尽管十分了解，却仍旧沉迷于它，以至于使社会上出现了一场迷恋"15个棋子游戏"的流行病。

同时，我们对这个游戏又会有一个新的了解：就算我们每秒钟都能尝试出一种新的排列方式，将所有的排列方式都尝试完，也要昼夜不停地忙碌上40 000年！

完成了关于排列数量这个话题的分析和讨论，下面让我们一起来看一道与中学生活有关的题目吧：

一个班级里共有25名学生，他们有多少种排列座位的方法？

对于能够仔细地思考并理解了上述内容的读者来说，解答这个题目并不难。的确，它是从1到25的乘积：

$$1 \times 2 \times 3 \times 4 \times 5 \times 6 \times \cdots \times 23 \times 24 \times 25$$

数学帮助我们减轻了许多计算的负担，却无力分担我们进行排列计算时所遇到的麻烦，除了用心地一个一个数字去乘，没有其他办法可以完成精确的运算。想要把计算的时间略微缩短，也只能是把因数进行适当的分组。但不管怎样，我们还是计算出了这个惊人的答案，它由26位数字组成，大到完全超乎我们的想象，这个结果是：

$$15\ 511\ 210\ 043\ 330\ 985\ 984\ 000\ 000$$

这恐怕是我们目前见过的最大的数了，"数字巨人"这个桂冠对于它来说当之无愧。就算把地球上所有海洋里的小水滴都一滴一滴地数出来，数出的水滴数与这个庞大的数字比起来，也是微不足道的。

6. 古老的转移游戏

小时候，我的哥哥曾经给我表演过一个硬币的游戏，非常有趣。那天，他在桌上并排放了三个小碟子，然后在左边的碟子里放了一摞硬币，这些硬币有5种面值，从上到下的顺序是：10戈比、15戈比、20戈比、50戈比、1卢布。

他对我说："现在我们要把这些硬币移到右边的碟子里，但移动的时候要遵守三个规则：一是每次只能移动一个硬币；二是不能把面值大的放在面值小的上面；三是在遵守前两条的前提下，可以把硬币暂时放在中间的碟子里，作为过渡。但游戏结束的时候，全部的硬币都要在右边的碟子里。你看，这并不复杂，对吗？那就开始吧。"

于是我开始按他说的三个规则移动硬币，首先是把10戈比的硬币放进了右边的碟子，然后把15戈比的硬币放进中间的碟子，但接下来我就有些不知如何是好了，20戈比比10戈比大，也比15戈比大，怎么办呢？

哥哥发现我犹豫不决，提醒我说："把10戈比的硬币放在15戈比的上面，这样右边的碟子里就能为20戈比的硬币腾出位置了。"

我按哥哥说的方法移动了20戈比的硬币，但50戈比的硬币又怎么办呢？我想了想，决定先把10戈比的硬币放回左边的碟子，再把15戈比的硬币移到右边的碟子里，并把50戈比的硬币放进了中间的碟子。就这样，我边动脑筋边转移硬币，成功地把1卢布的硬币也从左边的碟子里转移了出来，并最终将所有硬币移进了右边的碟子里。

哥哥肯定了我的成功，然后他问我："你一共移动了几次？"

"我忘记数了。"我回答。

"那我们就来数一数吧，"哥哥说，"了解自己经过多少次转移才达到了目标，也是一件快乐的事情。我们先来看看，如果我们用的不是五个硬币，而是两个，比如一个15戈比的和一个10戈比的，一共要转移几次呢？"

我马上回答说："3次！先把10戈比的硬币放进中间的碟子，再把15戈比的硬币放进右边的碟子，最后把10戈比的硬币也移进右边的碟子。"

"是的，没错，"哥哥继续说，"现在我们来看3个硬币要转移几次，加一个20戈比的硬币。先把10戈比和15戈比的硬币移到中间的盘子里，是的，要转移3次。然后把20戈比的硬币移进右边的空碟子，这是第4次。再把中间碟子里的两个硬币也转移进右边的碟子，这又要转移3次。总的次数是3+1+3=7次。"

"现在来看看4枚硬币要转移几次，我再增加一个50戈比的硬币吧。先把3个面值小的硬币转移到中间的碟子，这个过程要转移7次，再把50戈比的硬币放进右边的碟子，这是第8次，把3个小面值的硬币转移到右边，又要7次。一共是7+1+7=15次。"

"真是太棒了！我来算算5枚硬币转移几次！……是15+1+15=31次！"我兴奋极了。

"对的！你看，这个计算方法很简单对不对？但我还可以让它变得更简单！现在我来给你演示一下：你看，我们刚刚计算出的4个数是3、7、15、31，它们都是把2与自身相乘一次或者几次之后再减1……"

哥哥边说边给我列了下面的几行算式：

$3 = 2 \times 2 - 1$

$7 = 2 \times 2 \times 2 - 1$

$15 = 2 \times 2 \times 2 \times 2 - 1$

$$31=2 \times 2 \times 2 \times 2 \times 2-1$$

"我明白了！"我忍不住插话，"2连乘的次数与硬币的个数相等，乘出来的积再减1就可以了。这太棒了，现在有再多的硬币我也能计算出转移的次数了。比如7枚硬币，就要转移$2 \times 2 \times 2 \times 2 \times 2 \times 2 \times 2-1=128-1=127$次！"

"很好。现在你已经了解了这个古老的游戏。我还可以告诉你一条非常实用的规则：如果硬币的总数是奇数，第一枚硬币就可以直接放进右边的碟子里。如果是偶数，那么第一枚硬币应该先放进中间的碟子里。"

"什么？古老的游戏？我还以为是你自己想出来的呢！"

"不，我只是把它用在了转移的硬币上。其实这个游戏从古代的时候就有了，据说最早出现在印度。关于它还有一个有趣的传说呢。

"据说印度的神婆罗贺摩在创造世界的时候，在一座庙里安装了3根金刚石的小棍子，这座庙在贝拿勒斯城里。

"罗贺摩在其中一根棍子上套了64个小圆圈儿，这些小圆圈从下向上，一个比一个小。从那以后，庙里的祭司们每天都要不辞辛劳地做同一件事情，那就是用第3根棍子作为辅助，昼夜不停地把这些小圆圈儿从一根棍子上转移到另一根棍子上去。

他们要遵守的规则和我们一样，就是每次只能转移一个小圆圈儿，并且不能把大的套在小的上面。据说，等到他们把64个小圆圈儿都转移到另一根棍子上去的那一天，也就是世界末日了。"

我听了，不以为然地说："哦。也就是说，如果信了这个传说，那么这个世界早就不存在喽！"

"你是不是认为转移完64个小圆圈儿根本用不了多少时间？"哥哥问我。

图49　祭司们要不停地转移小圆圈儿

"那当然，"我说，"假

如每秒钟转移一次，一小时就能转移3 600次。"

"那又怎么样呢？"

"一昼夜有大约10万秒，10昼夜有100万秒。100万次，就算是1 000个小圆圈儿也早就转移过去了。"

"不，你错了。 不要说1 000个，就是64个小圆圈儿，要想全部转移过去，算出来的总数就得5 000亿年了。"

"什么？这怎么可能？把2连乘64次再减1，结果是……等一下，我马上算出来！"

"好吧，你先算吧，趁着你计算的空儿，我得把自己的事情先做完。"

哥哥转身走开了，留下我在那里进行忙碌的计算。

我先求出了16个2的乘积，这个数是65 536。我把它与自身相乘，又把新的得数与自身相乘，最后我当然记得减掉1。

于是我得出了最后的结果：

18 446 744 073 709 551 999

哦不，我必须得承认哥哥说的是对的，得要5 000亿年那么久，这太可怕了！

7. 失算的数学家

大家围坐在休养所的食堂里吃午饭，边吃边聊起了计算概率的话题。一位年轻的数学家拿出一枚硬币，随便地扔在桌上，对大家说："我这样看也不看地把硬币扔在桌上，大家说一说，硬币倒下去的时候，徽章朝上的概率是多少？"

有人说道："请您先解释一下什么是概率吧，毕竟并不是谁都能明白这个词。"

"哦，这很简单，"数学家说，"硬币倒在桌上的时候，只可能是两种状态（图50），一种是徽章朝上，一种是徽章朝下。但其中只有一种与我们希望出现的状态一样。现在我们来计算一个比例关系：

$$\frac{我们希望出现的情况数量}{所有可能出现的情况数量}=\frac{1}{2}$$

这个$\frac{1}{2}$就是硬币倒在桌上时，徽章朝上的概率。"

图 50 硬币的正反面　　　　　　图 51 游戏骰子

"这太简单了，"另一位插话说，"请你分析一个复杂点的情况吧，不如说说骰子。"

"好吧，那我们来说说骰子，"数学家同意了，"我这里恰好有一个骰子，它是6个面上都有点数的小正方体（图51）。我像这样把它丢出去，那么它落下时某个面朝上的概率是多少呢？比如说，有6个点的那一面朝上的可能性一共有几种？大家知道，当正方体落地时，它的任何一面都有可能朝上，所以每一面朝上的可能都是6种。而这6种中，与我们期待的点数6朝上的情况吻合的只有一种，所以它的概率就是用1除以6，也就是 $\frac{1}{6}$。"

"无论在什么情况下都能计算出概率吗？"一位女疗养者对此表现出浓厚的兴趣，"打个比方，我认为下一个经过食堂窗口的人是个男人。我猜对的概率是多少呢？"

数学家回答："如果我们把一周岁的小男孩也按男人计算的话，那么这个概率是50%，因为世界上的男人和女人一样多嘛。"

"那么前两个路过的都是男人，这个概率是多少？"又有人问。

"这个就稍微有些复杂了。我们必须先把所有可能出现的情况都列举出来：第一种情况是两个人都是男人；第二种是先路过一个男人，后路过一个女人；第三种是先路过一个女人，后路过一个男人；第四种是两个人都是女人。是的，只有这4种，显然你所说的是其中的1种，因此出现这种情况的概率是 $\frac{1}{4}$。"

"好吧我懂了。但是我还是想继续提问一下：前三个过路人都是男人的概率是多少？"

"那么我们接下来就计算一下这道题。还是先来统计存在的所有可能性。两个过路人的情况刚刚计算过了，一共有4种。再加入一个人，可能是一个男人，也可能是一个女人，那么可能出现的情况就翻了一倍：$4 \times 2 = 8$ 种。您想知道的概率显然是 $\dfrac{1}{8}$，因为我们所猜的这种情况只是其中之一。不知道大家是否发现了一条计算的规律：我们在猜两个都是男人的概率时，得数是 $\dfrac{1}{2} \times \dfrac{1}{2} = \dfrac{1}{4}$；在猜三个过路人都是男人的概率时，得数是 $\dfrac{1}{2} \times \dfrac{1}{2} \times \dfrac{1}{2} = \dfrac{1}{8}$；如果猜四个过路人都是男人的概率，得数一定是4个 $\dfrac{1}{2}$ 的连乘……显然，概率越来越低。"

"如果我们猜前十个过路人都是男人，那么这个概率等于多少？"有人继续发问。

"连续10个人全部都是男人的概率，我们来计算一下10个 $\dfrac{1}{2}$ 连乘的结果是多少……好了，结果是 $\dfrac{1}{1\,024}$，比千分之一还要小呢。如果此时你用1卢布和我打赌，赌这个情况会出现，那我会下1 000卢布的赌注赌它不会出现。"

"这可是个赚钱的机会！"有人说，"我愿意用1卢布换一个赢得1 000卢布的机会！"

"可你获胜的机会只是一千分之一啊！你得明白这一点。"

"不用考虑，为了1 000卢布，我愿意冒1卢布的险。就算是赌连续路过窗口的100个人都是男人我也愿意！"

"可你想过获胜的概率吗？"数学家问。

"呃，百万分之一？还是别的什么数字？"

"一百万分之一只能是连续路过20个男人的概率，连续路过100个男人的概率应该是……稍等，我在纸上算一下……十亿分之……一万亿分之……一千万亿分之一……我的天！1后面居然有30个0！"

"只有这些？"那个人轻描淡写地问。

"你居然不当回事儿？你知道大洋里的水滴数都不足它的千分之一吗？"数学家简直太震惊了。

"不就是个巨大的数嘛，没什么了不起。你说吧，你下多大的注和我赌？"

"哈哈哈，你可真傻！好，我和你赌！我要用我所有的钱做赌注！"

"所有的钱？算了，用不了这么多。这样吧，就用你的自行车吧，赌不赌？快决定！"

"当然赌啦！只要你愿意，那么请吧，反正我没有什么风险。就按你说的，赌我的自行车吧。"

"这就是喽，反正我也没有什么风险，1卢布而已。况且说不定我就会赢了你的自行车呢。可你最多也就赢1卢布。"

"可是你真不懂吗？你马上就会输的！百分之百会输的！你根本没机会赢我的自行车。你连1卢布都要输掉了。"

"还是算了！"一个朋友过来制止数学家，"为了1卢布输掉自行车。这太愚蠢了！"

"哦不不，"数学家说，"这种情况下还要来和我赌，这才是愚蠢呢！他一定输了！快把1卢布拿出来吧！"

"可总还是有一个机会的吧？"

"那不过是大洋里的一滴水，不，几十个大洋里的一滴水罢了！这滴水就是你的机会！而我的机会是几十个大洋！我的胜利是毫无疑问的，就像2的两倍是4一样，是确定无疑的！"

"你有些走火入魔了，年轻人，"一位始终默默坐在一旁的老人轻轻地说，"静一静吧。"

"教授，怎么您的头脑也变得不专业了呢？"

"你想过吗，目前并不是所有的情况都有相等的机会。概率的计算准确无误的前提是什么？是均等的机会，难道不是吗？而我们现在所说的这件事……呃，"老人边说边侧耳听着什么，"看来，不必分析了，好像真相正在向你走来，要当面宣布你的失败……你听，是不是军乐的声音？"

"这和军乐有什么关系？"数学家随口问了一句，但整个人立刻愣住了。他的表情越来越慌乱，突然，他从椅子上蹦了起来，冲到窗前，把头探出窗外。

"我的天啊！真的是这样！"他沮丧地喊道，"哦不！我输了！我的自行车，再见了……"

这个时候，所有的人都见证了数学家的失败：一个营的士兵走过了他们的窗前。

8. 无处不在的数字巨人

邂逅数字巨人无须刻意寻找，因为它们无处不在，始终存在于我们的周围，甚至和我们融为一体。而我们要做的，就是学会观察它们，发现它们。

我们仰头所见的苍穹、低头可见的沙土、时刻呼吸着的空气、体内流淌的血液，等等，这所有与我们息息相关的事物中，无一不隐藏着来自于数字星球的隐形巨人。

对于与天空相关的数字巨人，我们大多数人并不感觉惊奇。比如宇宙中星星数量之和，它们与地球之间的距离，它们相互的距离，它们有多大、多重，存在了多少年……提到这些，我们如数家珍，数字巨人也就随时会从我们的口中跳出来。结果"天文数字"这个词，被我们说成了常用词语。

但是，你注意过那些"小"的天体吗？其实，如果用我们的度量方法去衡量它们，它们也同样是数字巨人。比如太阳系中的一些小行星，由于它们的体积在天文学家眼里远远比不上那些大的天体，因此被称为"小"。有一些直径为几千米的行星，更是被天文学家们极其蔑视地称为"微小"的星星。但事实上，它们的"小"是相对的，只有与那些天文学家眼中的大天体为邻时才显得它们微小，如果用我们人类惯用的度量单位去衡量它们，它们可一点儿也不小。

我们以一颗直径为3千米的"微小行星"为例，按照几何学的原理，我们可以计算出它的表面积是28 000 000平方米，也就是28平方千米。这个面积有多大？打个比方说，每平方米的面积里能站下7个成年人，你看，这颗"微小行星"的面积其实足以容纳1.96亿个人！现在你会觉得它"微小"吗？

自古以来就有人说：像海边的沙子一样数也数不清。其实，脚下的沙子里同样隐居着数字巨人，只不过古人虽然认识到沙子的数量巨大，却仍旧低估了它，他们以为海边的沙子和天上的星星一样多，这简直太小看它了。古时候看星星全凭肉眼，没有天文望远镜，所以在一个半球上能看到的星星只有3 500颗左右。海边的沙子和这些星星比起来，可是它的几百万倍呢！

人不能离开空气，就像鱼儿离不开水。其实最大的数字巨人就隐藏在我们所呼吸的空气里。要知道，在每立方厘米的空气中，就包含有27 000 000 000 000 000 000个最小的微粒——分子。这个数字简直大得让人喘不过气来，想象一下，如果世界上有这么多人，那我们的地球可就真的不够用了。

地球的表面积，包括陆地和海洋在内，是5亿平方千米，也就是500 000 000 000 000平方米。这个数和每立方厘米空气中的分子数比起来会是什么样的结果呢？

$$27\ 000\ 000\ 000\ 000\ 000\ 000 \div 500\ 000\ 000\ 000\ 000 = 54\ 000$$

这意味着什么？这意味着如果地球上有27 000 000 000 000 000 000个人，每平方米的地球表面就要容纳5万人！这真是连"立锥之地"都是做梦了！

数字巨人同样深藏在我们的身体里。就拿人的血液来说，如果你用显微镜观察人的一滴血，就会看到有大量极微小的红色细胞游弋其中，为血液添加了色彩与活力。这种红色的小细胞叫作"血红细胞"。

血红细胞的样子像是中间有凹陷的小枕头（图52），人血液中的血红细胞几乎大小相等，直径约为0.007毫米，厚度是0.002毫米。这当然是很微小的，但它们的数量之大却让人大跌眼镜。要知道，每立方毫米血液中的血红细胞数量是500万个。那么人的身体里一共有多少血红细胞？

人体内的血液量（升）是体重（千克）的 $\dfrac{1}{14}$。我们来打个比方，假如你的体重是40千克，那么你身体里的血液量大约是3升，或者说3 000 000立方毫米。因为每立方毫米中的血红细胞数量是500万个，所以你体内的血红细胞总数

图52　人体血红细胞

就是：

$$5\ 000\ 000 \times 3\ 000\ 000 = 15\ 000\ 000\ 000\ 000 个$$

这是1.5万亿！1.5万亿个血红细胞在你的身体里！1.5万亿是什么概念？如果将它们排成一排，会一直排出105 000千米！也就是说，你血液

里的血细胞如果穿成一条链子，能有10万多千米长！能沿着赤道绕地球100 000÷40 000=2.5圈呢！而成年人的体重显然要比你重很多，一个成年人血管里的血细胞如果穿成链子能绕地球3圈！

应该解释一下血细胞的分裂对人体的作用。这些细胞的作用是输送氧气。血液在经过肺部时获得氧气，然后由血液通过流动的方式将氧气带到全身的各组织中，即使是离肺部最远的部位也能到达，最后还要将它们排出体外。

这些细胞的迅速分裂对于它们更好地输送氧气有极大的促进作用，原因在于血细胞吸收和排出氧气必须依靠自己的表面，数量越大，细胞越小，细胞表面积就越大。血细胞的表面积总和有多大？这个数字是1 200平方米，是我们身体表面积的好多倍呢！这个面积相当于一个长40米、宽30米的菜园子。

我想现在你应该能直观地想象出血细胞的分裂和它们巨大的数量对于我们机体的生存起到多么大的作用了吧？是的，它们能通过相当于我们身体表面积上千倍的细胞表面获取和排出氧气。

我们再来探讨一下食物的话题。比如人的平均寿命是70岁，如果我们计算一下一个人这一生中消耗掉的所有的食物总和，这会让我们再遇到一位数字巨人。形象地说，想要运送人的一生要消耗掉的水、面包、肉、野味、鱼、土豆和其他蔬菜、鸡蛋、牛奶等物品，恐怕得需要整整一列火车才行！这个令人出乎意料的大数相当于我们身体的几千倍，图53表达得十分直观，你或许不相信一个人能够对付如此可怕数量的"巨人"，或者说当你面对这张图时，你难以相信一个人一生能吞下整整一列货车的食物。

图53　人一生中需要的食物

第七章

没有尺子怎么办

1. 迈步量路

很少有人会随身带着尺子，却又难免遇到临时需要测量的情况。学会在没有测量工具的情况下进行测量——哪怕是大致测量，这是非常有益的。

出去游玩时，如果想测量路程的长度怎么办？测量较长距离的时候，可以用迈步测量的办法。这首先得知道自己的步幅是多大，然后还要会数步子。人在走路时，有可能大步走，也有可能小步走，迈的步子并不是完全一样的。但一般情况下的步幅是基本一致的，所以只要了解自己的平均步幅，就可以用迈步量路法了。

怎样知道自己的平均步幅呢？将几次的步幅量出总长度，再计算出平均步幅。这就需要借助测量工具了。

选择一处平坦的路面，用测量带在地上量出20米的长度，从起点至20米处画一条直线。你从起点出发，以正常的走路方式沿线走完这20米，同时数出迈出的总步数。如果到达终点时，最后一步并非一整步，那么就看这一步是否大于半步，如果大于半步，按一整步计；如果小于半步，则可以忽略不计。最后用20米除以你所迈的总步数，就可以得到平均步幅了。这是必须牢记的数字，可以使你更方便地使用迈步量路法。

如果想要测量的距离很长，数步子时需要特别聚精会神，否则容易数乱。有什么好办法吗？当然有。你可以每数到10，就弯曲左手的一根手指，每当左手的5根手指全部弯曲时，就弯曲右手的一根手指。很显然，当右手的5根手指也全部弯曲时，你一定走完了250步。接下来从1开始重新数，每次右手的手指全部弯曲，都要在心里记住相应的次数。假如你到达终点时，右手手指已全部弯曲过2次，同时左手弯曲着3根手指，右手弯曲着4根手指，你迈过的总步数就是：

$$2 \times 250 + 3 \times 50 + 4 \times 10 = 690 步$$

如果你左手手指最后一次弯曲后又走了不足10步才到达终点，那么这个数字也应该加入其中。

其实古人早就给了我们一个计算步幅的公式：一个成年人的眼睛到脚底的长度的一半就是他的平均步幅。

古人还给我们留下了一个计算行走速度的定理：一个人在3秒钟内所

迈的步数等于他在1小时内走出的距离。当然这个定理更适用于固定的大步幅。我们假设某人的步幅为x米，3秒钟内可以走n步，他3秒钟走过的路程是nx米，1小时走过的路程就是：

$$\frac{3\,600}{3}\,nx=1\,200\,nx\text{米}=1.2\,nx\text{千米}$$

当这个数值与所迈的步数相等时，等式1.2=一定成立。

我们可以由此解得x=0.83米。

如果将这个结果代入第一个以身高求步幅的公式中，可以计算出某人的身高为175厘米左右，这说明第二个计算行走速度的古老定理仅适用于中等身高的人。

2."徒手"测量

当我们在没有测量工具的情况下，想要测量中等尺寸的物体时，可以用下面的办法：

请一名成年男子直立在原地，用左手手指捏住绳子的一端，并向身体的左侧伸直左臂，然后用右手手指轻握绳子，在右肩膀处将绳子拉直。绳子被拉直的部分的长度大约是1米。

还有另一种方法可以得到近似1米的长度：沿着一条直线连做6个90度的弧，就相当于将大拇指和食指最大限度张开时两个指尖之间的距离的6倍（见图54a）。这种"徒手"测量的方法颇具艺术性，想要灵活使用徒手测量法，就必须首先了解自己双手不同部位的数据。

哪些部位比较重要？先来测量手掌的宽度（见图54b），成年人的手掌宽大约是10厘米，如果你的掌宽比10厘米大或者小，那么要熟记大多少或者小多少。接下来将食

图54　手上的尺子

指与中指最大限度地分开（见图54c），测量两指尖之间的距离。下面该测量食指的长度了（见图54d），这得从大拇指根部量起。最后像图54e所示的那样，中间三指并拢，大拇指和小拇指向两侧最大限度地张开，并测量两指指尖的距离。

牢记自己手上的这5个数据，你的双手就变成了活尺子，生活中随时对一些小件物品进行大概的测量对你来说完全不成问题。

3. 硬币尺子

我们平时随身携带的铜质硬币也可以当作测量工具来使用。这需要了解不同面值硬币的直径：

1戈比面值的硬币直径为1.5厘米，5戈比面值的硬币直径为2.5厘米。如图55所示，两种硬币并排摆放，总宽度是4厘米。如果你恰好带有几枚1戈比和5戈比的硬币，就可以得到以下几种精确的长度：

图55 5戈比和1戈比的硬币

硬币个数	长度
1个1戈比的硬币	1.5厘米
1个5戈比的硬币	2.5厘米
2个1戈比的硬币	3厘米
1个戈比的硬币和1个5戈比的硬币	4厘米
2个5戈比的硬币	5厘米
……	……

当然你也会发现，用5戈比的硬币直径减去1戈比的硬币直径，恰好等于1厘米。

　　如果你身上恰好没有1戈比和5戈比的硬币怎么办？用2戈比和3戈比的硬币同样可以做测量。首先你要牢记，这两种面值的硬币并列时的总宽度也是4厘米。你可以根据这个宽度剪出一个4厘米长的纸条，并将它对折再对折，就可以得到一个1厘米的长度。

　　你看，提前做一些准备，熟记一些日常的长度，并加以灵活应用，就算没有尺子，你也会成为生活中的测量高手。

　　对于我们的铜制硬币，我还有更多的秘密要告诉你。比如它们不仅可以当作尺子来测量长度，还可以当作砝码来测量重量。这当然需要你牢记每种面值的硬币的重量，但记起来简单至极。因为崭新的、没有磨损的现版硬币的重量与它的面值相同，比如1戈比的硬币重1克、2戈比的硬币重2克。就算是已经使用过的硬币，重量也不会相差太多。我们平时也许会需要一些很小的砝码，比如重量为1至10克的砝码，这可不是谁家里都常备的东西，有了铜硬币的帮忙，你就不必抓狂了。

图56　3戈比和2戈比的硬币

第八章

生活中的几何

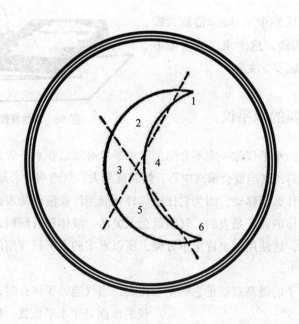

本章里收录了两打与几何学有关的难题，但解答这些难题只需要对初等几何有简单的了解就可以了。如何评价对几何知识的掌握程度？要求能说出不同图形的特点，还要有使用其解决现实问题的能力。这些难题能够帮助读者们判断自己是否真正掌握了那些自以为熟练掌握的几何知识。掌握某种知识的最终目标是为了应用于实践，否则一个不会射击的人要枪有什么用呢？测试一下这些难题，看看你能击中几何标靶几次。

1. 车轴的磨损

四轮车的前轴看起来总是比后轴更亮些，原因是前轴的磨损比后轴严重。为什么会这样？（图57）

图57　四轮车

2. 放大镜下的角度

我们用图58中那样的4倍放大镜去看1.5°的角，这个角在放大镜下的度数会变成多少度呢？

图58　角的度数

3. 倾斜的水平仪

木工用的水平仪你一定不会陌生。水平仪必须放在水平表面上，如果它的底面倾斜，气泡就会偏离中心，倾斜度越大，气泡离中心越远。

气泡为什么会移动？因为它比液体轻，能漂浮在液体的表面。但如果水平仪装液体的管子是直的，气泡就会太灵活，液体稍有倾斜，它就跑到最高点去了，这使用起来肯定不方便，所以真实的水平仪使用的是弧形的管子（图59）。

弧形管子的最高点就是它的中心位置，当气泡处于该点时，说明水平仪的底面处于水平位置。如果气泡所处的不是最高点，而是邻近的某个位置，就说明水平仪的底面倾斜，因此气泡离开了中心的标记。

图59　水平仪

我们的问题是：如果水平仪的底面倾斜了0.5°，水平仪管子弯曲的弧的半径为1米，那么气泡的位置偏离中心标记几毫米？

4. 铅笔的面

接下来我要提的这个问题，可能会让很多人觉得幼稚，当然也可能有人会认为很巧妙。这个问题是：一个六面体的铅笔有几个面？

我希望读者可以仔细思考一下这个题目，而不是急着看答案。

5. 切月牙儿

请在图60所示的月牙儿上画两条直线，把这个月牙儿分成6个部分。

图60　月牙儿

6. 少一个正方形

图61中的十字形是用12根火柴拼成的，这个十字形的面积相当于5个边长等于一根火柴长度的正方形的面积之和。

我希望你试着改变一下火柴的分布，将它们变成新的图形。要求是新图形的面积比原图形的面积少1个边长为一根火柴长度的正方形。

另外一个严格的要求是：解题时不能使用任何测量工具！

图61　12根火柴拼成的十字形

7. 最大的图形

用8根火柴拼成不同形状的封闭图形有很多方法，比如图62中所示的就是其中的几种。由于形状不同，它们的面积也各不相同。

你知道怎样用这8根火柴拼出面积最大的图形吗？

图 62　用 8 根火柴拼出的图形

8. 最短的路线

有一个圆柱形的玻璃罐，在罐子内壁距离罐子口3厘米处有一滴蜂蜜，一只苍蝇趴在罐子的外壁上，正对着蜂蜜。图63所示的正是这时的场景。

已知玻璃罐底面直径为10厘米，高20厘米。请你帮助苍蝇找出通向蜂蜜的最短路线。

我要提醒你的是，别指望眼睁睁地看着苍蝇自己飞去吃蜂蜜，从而判断出最短的路线。说实话，苍蝇可掌握不了几何知识，这些也不是它能理解得了的。

你得自己运用你所掌握的几何知识来找到答案。

图 63　想吃蜂蜜的苍蝇

9. 一种塞子三个洞

图64中有一块木板，木板上有3个洞，它们的形状分别是正方形、三角形和圆形。你知道用哪种形状的塞子能将这三个洞全部堵住吗？

图 64　找出一个适合这三个洞的塞子

10. 再找一种塞子

如果上面一题你做到了，那么你或许也能为图65中的3个洞找到塞子。

图 65　是否存在适合这三个洞的塞子

11. 第三种塞子

这里还需要你找出第三种塞子，使它能堵住图66中的3个洞。

图 66　能否做一个适这三个洞的塞子

12. 硬币钻洞

这道题需要用2个面值分别为5戈比和2戈比的现版硬币做道具。请你在纸上画一个与2戈比硬币周长相等的圆圈，并小心地把它剪下来，使纸上出现一个与2戈比硬币同样大小的圆洞。

现在你来想一下，5戈比的硬币能从这个洞钻过去吗？

这是一道纯粹的几何题，没有什么窍门可用。

13. 照片中的高塔

假如在你所在的城市里有一座著名的高塔，很遗憾你不知道它的高度。好在你的一张明信片上恰好有这座高塔的照片，使你能够借助照片求出塔的高度。你知道该怎么做吗？

14. 相似图形

题目有两个：

（1）图67中的绘图三角板图形有内外两个三角形，它们是否相似？

（2）图68中的装饰画框架图形有内外两个四边形，它们是否相似？

想要解答这两个问题，需要你先弄清楚几何学中的相似是怎么回事。

图 67　绘图三角板

图 68　装饰画框架

15. 投影的长度

直径为4毫米的电报线晴天时投在空地上的完整影子有多长？

16. 玩具小砖头

建筑用的砖头是很重的，每块有4千克。玩具用的小砖头是用相同材料制成的，只不过所有的尺寸都是建筑砖头的 $\frac{1}{4}$ 。你知道这种玩具小砖头的重量吗？

17. 身高与体重

巨人身高2米，侏儒身高1米。巨人的体重是侏儒体重的几倍？

18. 买西瓜

一大一小两个西瓜，大西瓜的直径是小西瓜直径的1.25倍，价格也要比小的贵50%。你会买大的还是小的？

19. 两个香瓜

同一品种的两个香瓜，一个周长为60厘米，另一个的周长是50厘米，前者的价格是后者的1.5倍。买哪个划算？

20. 樱桃肉与樱桃核

你对樱桃应该并不陌生。樱桃果肉的厚度等于果核的直径，假如樱桃和樱桃核都是圆形的，你能口算出果肉的体积是果核体积的几倍吗？

21. 仿真模型

巴黎的埃菲尔铁塔高300米，由大约8 000 000千克铁建造而成。由于对它的喜爱，我打算按照埃菲尔铁塔的样子定制一个重1千克的铁制仿真模型。那么，我的模型的高度会是多少？会比杯子高吗？

22. 大小两口锅

一大一小两口锅，它们的形状与厚度完全相同，但大锅的容积是小锅容积的8倍。你知道大锅的重量是小锅的几倍吗？

23. 谁更冷

寒冷的街头站立着一位成年人和一个孩子，他们穿得一样多，谁感觉更冷些？

揭秘：你的答案正确吗

1. ☆车轴的磨损

掌握几何学科的重要一点是要善于发现题目中被看似无关的表面所遮挡的几何原理。表面看上去，这道题好像与几何无关，但它从本质上说是地道的几何题。四轮车有前轮小、后轮大的特点，小轮圆周小，走同样的路程，小轮比大轮转的圈数多，转的圈数多，车轴磨损自然就大了。

2. ☆放大镜下的角度

你会认为放大镜下的角会变成1.5°×4=6°吗？那可就错了。正如图69所显示的那样，尽管在放大镜下角所对的弧长被放大了，但弧的半径随之被放大了同样的倍数，所以圆心角仍旧是原来的大小，根本没有改变。

图69　被放大的角度

3. ☆倾斜的水平仪

图70中的MAN是水平仪处于水平位置时弧形板的状态，M'BN'是处于倾斜位置时的状态，弦M'N'与MN形成的夹角是0.5°。在这个图上我们可以清晰地看到，最初位于弧形板中心点A的气泡，在水平仪倾斜后，仍停在原处，只不过是弧MN的中心点改变了，转移到了B的位置。我们要求的是当弧的半径为1米，度数为0.5°时AB的长度。当圆的半径为1米（1 000毫米）时它的周长是：$2 \times 3.14 \times 1\,000 = 6\,280$毫米，这相当于360°或720个0.5°的周长。所以AB的长度（即1个0.5°的弧长）是$6\,280 \div 720 \approx 8.7$毫米。本题答案为：气泡偏离标记的距离约为9毫米。显然，管子弧形半径

越大，水平仪的倾斜度就越大。

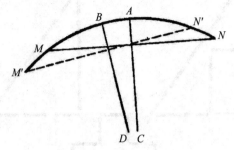

图70　倾斜的水平仪的角度变化

4. ☆铅笔的面

有人觉得本题不可思议，是因为它暴露出了我们平时在用词方面的不足。事实上一枝新的六面体铅笔在未被削尖之前有8个面：6个侧面和2个端面。不能只认为有6个面，否则它就会是截面为四边形的长条了。准确地说，题目中所指的铅笔应该叫"六角形铅笔"。

5. ☆切月牙儿

答案如图71所示。我们把这6个部分编了号，看起来会更直观一些。

图71　切割月牙

6. ☆少一个正方形

将12根火柴摆放成图72左边的小图所示的形状，其面积恰好是4个以1根火柴长度为边长的正方形的面积之和。为了证实这一点，我们可以将其变成图72右边小图所示的直角三角形。这个直角三角形的底边长为3根火柴，高为4根火柴，面积为 $3 \times 4 \times \dfrac{1}{2} = 6$。这相当于6个正方形的面积。将图形复原成图72左边小图的样子，恰好使其面积缺少2个火柴正方形。

图 72　目标摆法

7. ☆最大的图形

在所有周长相等的图形中，圆形的面积最大。用8根火柴摆出圆形显然不现实，图73所示的是用8根火柴摆出的最接近圆形的图形：正八边形。

图 73　最接近圆形的图形

8. ☆最短的路线

将圆柱形的侧面展开可以得到一个如图74所示的长方形，它的高是罐子的高（20厘米），长是罐子底面周长，其近似值为$10 \times 3\frac{1}{7} \approx 31\frac{1}{2}$厘米。点A为苍蝇的位置，它与底边之间的垂直距离是17厘米；蜜蜂在点B，与点A高度相同。A与B之间的距离恰好是罐子周长的一半，即$15\frac{3}{4}$厘米。

苍蝇想吃到蜂蜜，必须先爬向罐子的上沿，然后再由罐子的上沿爬向终点。按照图75所示的那样，由点B做一条与长方形顶边垂直的直线BC，使其与顶边的交点为BC的中点，然后连接AC，会得到AC与长方形顶边的交点D，点D就是苍蝇沿最短路线向蜂蜜爬行时途经罐子上沿的那个点。由此可以确定，苍蝇吃到蜂蜜的最短路线是ADB。

图74 长方形

图75 最短路线示意图1

现在我们借助由圆柱侧面展开的长方形找到了最短的路线，可以把它重新复原成圆柱形了，因为这样就能更直观地看到苍蝇是怎样以最快的速度沿最短的路线爬向蜂蜜的（图76）。

我不能确定苍蝇在这种类似的情况下会不会走这条路线，或许它会凭着自己的嗅觉真的这样爬过去吧。不过这种可能性并不大。因为找出这条最短的路线，仅靠嗅觉的灵敏度是远远不够的。

图76 最短路线示意图2

9.☆一种塞子三个洞

这种塞子的形状如图77所示，图中是它应对正方形、三角形和圆形洞的三种状态。

图 77　目标形状的塞子 1

10. ☆再找一种塞子

图78所示的就是本题需要的塞子，图中是它应对圆形、正方形和十字形洞的三种状态。

图 78　目标形状的塞子 2

11. ☆第三种塞子

图79中的塞子恰好符合要求，你可以从三个方向看到它的形状。

*我们解答上面三道题时所用到的图，是制图员常常要做的。根据某种部件的三个投影图来确定它的形状，这是制图员日常工作的内容之一。

图 79　目标形状的塞子 3

12. ☆硬币钻洞

这的确是可以做到的。将剪了圆洞的纸折成图80中所示的样子，将圆孔拉直成一条缝，然后将5戈比的硬币从这个缝塞进去，它就可以很顺利地通过了。

这道题乍一看非常复杂，但用几何知识可以把它变得简单至极。2戈比的硬币直径为18毫米，它的周长比56毫米略多一点点。我们用56毫米来计算，图80中那条直缝的长度一定是周长的一半，即 $56 \times \frac{1}{2} = 28$ 毫米。5戈比硬币的直径仅为25毫米，即使算上 $1\frac{1}{2}$ 毫米的厚度，使它通过28毫米长的缝隙也完全不是问题。

图80　硬币钻洞

13. ☆照片中的高塔

想通过塔的照片来确定它的高度，首先必须要用尺子量出照片中铁塔的高度与底座的长度。假设量得塔高95毫米，塔座长19毫米。那么你应该马上动身到高塔那去量一量塔座的实际长度。现在假设这个数值是14米。

从几何的角度上来讲，高塔在照片上的轮廓和它的实际轮廓是相似的，所以照片上的塔高与塔座长度之比，等于塔的实际高度与实际塔座长度之比。根据我们现有的数据，照片上塔高与塔座长度之比是95∶19，即5∶1。那么塔的实际高度与塔座长度之比也应该与此相同。塔座的实际长度是14米，塔的实际高度就应该是：14×5=70米。

但我有必要提醒你，并不是所有为高塔拍摄的照片都能被用来计算塔高，这种方法只适用于未出现失真状况的图像，一些没有经验的拍摄者

（比如摄影新手）所拍出的失真照片是无法用于计算的。

14. ☆相似图形

不要对这两个问题都给予肯定的回答。事实上只有图67中的两个三角形是相似的，而图68中的两个四边形严格地说并不相似。

三角形相似的前提是各角相等，绘图三角板内三角形的各边与外三角形的各边平行，所以它们是相似的。但判断相似多边形不仅要各角相等或各边平行，还要各边的长度成比例。对于框架图形来说，除非其内外四边形都是正方形或一般的菱形，否则其内外四边形的各边长都不成比例，因此本题中的装饰画框架内外四边形不成比例。

在图81中可以比较直观地看到长方形框架内外四边形的不相似原因：左图中内四边形边长之比是4：1，外四边形的边长之比是2：1；右图中内四边形之比是2：1，外四边形边长之比是4：3。这两组比例均不相等，因此它们都不是相似图形。

图81　两个长方形框架内外四边形的对比示意图

15. ☆投影的长度

也许很多人没有考虑到，解答这道题需要知道两个天文学方面的数据：太阳与地球的距离约是150 000 000千米；太阳的直径约是1 400 000千米。

根据本题的内容，我们绘制了如图82所示的几何图形。在图中可以清晰地看到，太阳到地球的距离与太阳直径之比等于电报线投影长度与电报线直径之比。因为太阳到地球的距离是太阳直径的150 000 000÷1 400 000≈107倍，所以电报线在空地上的完整投影长度也应该是电报线直径的大约107倍。由此可知：电报线完整投影长度为4×107=428毫米=42.8厘米。

图82　电报线投影长度与电报线直径之比示意图

此类题目的解题思路还有另外一种，具体方法我们已经在分析第一章第8道题《影子的宽度》时给出，如果你有兴趣可以试着用来解答本题。

16. ☆玩具小砖头

如果你认为小砖头的重量是建筑砖头的 $\frac{1}{4}$，也就是1千克，那可就大错特错了。玩具小砖头包括长、宽、高在内的所有尺寸都是建筑砖头的 $\frac{1}{4}$，所以它的体积是建筑砖头的 $\frac{1}{4} \times \frac{1}{4} \times \frac{1}{4} = \frac{1}{64}$。正确的答案应该是，玩具小砖头的重量是建筑砖头的 $\frac{1}{64}$，即 $4\,000 \times \frac{1}{64} = 62.5$ 克。

17. ☆身高与体重

人的体形基本相似，一个人的身高是另一人的2倍，他的体重应该是另一人的8倍。所以巨人的体重是侏儒的8倍。据记载，世界上最高的人来自阿尔萨斯，他的身高达到275厘米，比一个中等身高的人高出整整1米。而世界上最矮的人的身高还不到40厘米，只相当于阿尔萨斯巨人的 $\frac{1}{7}$。如果我们把阿尔萨斯巨人放到天平的左边，右边就非得放上大大的一群——也就是 $7 \times 7 \times 7 = 343$ 个世界上最矮的侏儒才能保持平衡。

18. ☆买西瓜

根据题意，我们可以求出大西瓜的体积是小西瓜体积的 $\left(1\frac{1}{4}\right)^3 = \frac{125}{64}$ 倍，也就是将近2倍。大西瓜的体积是小西瓜的2倍，价格却只是小西瓜的1.5倍，当然是买大西瓜划算。

但是卖瓜人为什么不把大西瓜的价格定为小西瓜的2倍呢？卖瓜的人显然对几何知识掌握不足，当然购买者的几何水平也差不多，很少有人会用几何学的知识去比较这两种西瓜，所以常常做出不划算的选择。事实上，只要不是按重量卖，买大西瓜永远比小西瓜划算，因为大西瓜的定价一定会低于它们真正的价值，只不过大多数买瓜的人都想不到罢了。

19. ☆两个香瓜

周长之比与直径之比是相等的。这两个香瓜的周长之比是 $\dfrac{60}{50}=\dfrac{6}{5}$，因此其直径之比也是 $\dfrac{6}{5}$，体积之比是 $\left(\dfrac{6}{5}\right)^3=\dfrac{216}{125}\approx1.73$。如果按照体积或者重量来定价，大香瓜的价格应该是小香瓜的1.73倍，但事实上大香瓜的价格只是小香瓜的1.5倍。所以说还是买大香瓜更划算。

20. ☆樱桃肉与樱桃核

根据题意可知，樱桃的直径是其果核直径的3倍，因此樱桃的 $\dfrac{1}{27}$ 体积应该是其果核体积的 $3\times3\times3=27$ 倍。也就是说，整个樱桃除了 $\dfrac{1}{27}$ 的果核，其余的 $\dfrac{26}{27}$ 全都是果肉。所以樱桃果肉的体积应该是果核体积的26倍。

21. ☆仿真模型

模型的重量是铁塔实重的 $\dfrac{1}{8\,000\,000}$，制作模型的材料与铁塔实物相同，因此模型的体积也应该是铁塔实际体积的 $\dfrac{1}{8\,000\,000}$。

$\dfrac{1}{8\,000\,000}$ 你知道，$\dfrac{1}{8\,000\,000}$ 等于 $\dfrac{1}{200}$ 的立方，而两个相似物体的体积之比也恰好是它们的高度之比的立方。因此模型的高度与铁塔实高之比应该是 $\dfrac{1}{200}$。铁塔的实际高度是300米，模型的高度应该是：$300\times\dfrac{1}{200}=1.5$ 米。这已经相当于一个人的高度了，杯子的高度简直没办法和它比。

22. ☆大小两口锅

这两口锅是几何上的相似物体。已知大锅的容积是小锅的8倍，可见它的包括深度与直径在内的所有直线尺寸都应该是小锅的2倍，进而它的表面积应该是小锅的2×2=4倍，这是由于相似物体的表面积之比等于其直线尺寸之比的平方。已知两口锅的壁厚相同，因此它们的重量之比就只能取决于其表面积之比。可见大锅的重量是小锅重量的4倍。

23. ☆谁更冷

这似乎不像一道数学题，但本质上来说它是的。它的解题思路与上一题差别不大，都要使用几何推断法。

在正式解答这道题之前，我们先来看一道略为简单些的类似题目：有一大一小两口锅（或水壶），锅里都装满开水，它们的材料和形状都相同，哪口锅里的开水降温速度会更快些？物体的冷却从表面开始，单位体积内表面积相对大的锅内水温下降较快。但哪一口锅满足这个条件呢？两口锅属于几何上的相似物体，大锅的深度和直径都是小锅的n倍，因此它的表面积是小锅的n2倍，体积是小锅的n3倍，单位面积内大锅的体积是小锅的n倍，所以小锅的水降温快。

同理，穿着相同的成年人和孩子同时站在严寒之中，孩子会比成年人感觉更冷。尽管两人身体每立方厘米的体积产生的热量基本相同，但从身体的每立方厘米体积上处于严寒中的表面积来说，大人要小于孩子。这也可以解释为什么我们在寒冷中时，手指或鼻尖比其他身体部位更容易感觉寒冷，因为这些部位的表面积与体积比较起来并不大。

我们再来分析一道题：为什么厚木块不如从它上面劈下来的小木片燃烧得快？我们知道，发热首先是从物体表面开始的。假设厚木块的厚度是小木片的10倍，那么它的侧面积也是小木片的10倍，体积是100倍，小木片单位面积上的体积是厚木块的 $\frac{1}{10}$，同等热量在小木片上点燃的物质也是厚木块的 $\frac{1}{10}$。所以在火源相同的情况下，小木片肯定比厚木块先被点燃。但我们所使用的这些数值只是用来说明木块燃烧的大致变化过程，并不能代表其数量关系，因为木头的导热性较差，我们上述的数值不过是为了解题而使用的非常粗略的近似值罢了。

第九章

用几何学测量雨雪

1. 自制量雨装置

列宁格勒是众所周知的多雨城市，总是频繁地下雨，莫斯科等其他任何城市都不及它。但科学家们却有莫斯科的年降水量高于列宁格勒的说法，这不免让人疑惑，他们为什么会做出这样的结论？难道他们能够测量雨水？

这似乎看起来难度非常大，但你知道自己也可以测量降雨量吗？

首先你要对测量降雨量有正确的认识，不要盲目地认为需要把天上落下来的所有雨水都收集起来。假设雨水落下后没有四处分流，也没有渗到地下，而是全部聚积在地面上，形成一个雨水层，我们要做的就是测量这个雨水层的厚度。这并非凭空想象，在一个区域内，雨是均匀落下的，不会出现这块地里的降雨量比相邻一块地里的降雨量大的情况，因此在任何一块地里测量都一样，因为整个场地的雨水层厚度是一样的。

我想你对测量雨水层的厚度已经有了初步的认识。首先要选择一块平整的区域，水不能四处流，也不会渗入土壤。这两个要求很好满足，用一个敞口容器就可以了，但要保证容器的壁与底垂直，以保证上下间距相等。我们假设选择一个圆柱形的水桶，下雨时放到露天的地面上，雨停后量一下桶中雨水的高度，就成功了。

那么，用什么测量桶中的雨水高度呢？如果水量多，用尺子是可以的。但对于降水量测量来说，每毫米甚至是每 $\frac{1}{10}$ 毫米的数据都很重要，而这种要求靠用尺子伸进桶里测量的方法是无法满足的。有没有什么好办法？

当然有。将雨水倒入一个比装雨水的容器更小的玻璃容器内，可以清晰地看到水面的高度。当然，这并非我们想要知道的数据，但你知道，将一个容器里的测量转移至另一容器并不难。

我们选择的新容器是较小的圆柱形玻璃容器，其底面直径是水桶底面直径的 $\frac{1}{10}$，那么它的面积就是水桶面积的 $\frac{1}{10} \times \frac{1}{10} = \frac{1}{100}$。这意味着我们测量出的雨水在新容器中的高度正好是在原容器中高度的100倍。如果在新容器中我们测量到的雨水的高度为200毫米，那么它在露天放置的水桶中的高度就是2毫米，这就是雨水层的高度。

在容器的选择与测量的过程中，我们要注意玻璃容器不能比接雨水的桶窄太多，否则对它的高度要求就太高了，然后就是要标明刻度。假设其

底面直径为水桶的 $\frac{1}{5}$，那么它的底面积就是水桶底面积的 $\frac{1}{25}$，水的高度就是水桶内雨水高度的25倍，这意味着玻璃容器中25毫米的高度等于水桶内1毫米的高度。有了这个比例，你就可以做一张纸条，从下向上，每隔25毫米做一个标记，并注明编号，然后贴在容器的外壁上，这可以使你很容易地读出雨水层在水桶里的高度，而不必进行任何换算。当然，如果玻璃容器的底面直径是水桶底面直径的 $\frac{1}{4}$，在纸条上画刻度时，就得每隔16毫米做一个标记。具体要以实际的情况为准。

还有一个要解决的难题，就是如何将水桶里的水倒入玻璃容器内。玻璃容器的直径相对较窄，用水桶向内倾倒雨水时十分不便。如果在水桶壁上钻一个小圆孔，塞入一根带塞子的玻璃管，就方便多了。转移雨水时，只需将塞子拔掉，水桶里的水就通过玻璃管流到玻璃容器中了。

现在我们所拥有的整个装置就成了一个雨水层高度的测量系统。虽然这种自制的测量系统简单而廉价，在效果上不能和气象站里的专业仪器一样精准，但它却是你的好伙伴，当你在生活中进行很多有借鉴意义的计算时，它都会给予你莫大的帮助。

接下来，我们就进行一些这样的运算吧。

2. 对降雨量的测量

如果你有一个长方形的菜园子，它的长是40米，宽是24米，而你忽然想知道即将到来的这场雨到底会为你的菜园子带来多少降水，你该为此做些什么？

很显然，你必须先知道雨水的厚度，这是必须具备的数据，否则整个计算过程根本无法开始。我们自制的量雨装置派上了用场，一场15分钟的降雨过后，我们测量出了雨水层的厚度是4毫米。现在我们要来计算一下，每平方米的菜园子得到了多少立方厘米的雨水。1平方米=1米×1米=100厘米×100厘米，根据刚刚知道的数据，雨水层的厚度是4毫米，即0.4厘米，那么1平方米内雨水的体积为100×100×0.4=4 000立方厘米。

接下来该计算重量了。你一定知道，1立方厘米的水恰好重1克，那么4 000立方厘米雨水的重量就是4 000克（4千克），这是每平方米菜地得到的雨水量。整个菜园子的面积是40×24=960平方米，它得到的雨水总量是4×960=3 840千克，这个重量是将近4吨！

那么用同样的水量浇菜园，如果我们自己拎水灌溉，要拎多少桶？假设使用一个普通的容量为12千克的水桶，一共要拎3 840÷12=320桶。

看吧，这场15分钟的降雨，居然为你的菜园子浇了320桶水！

一个新的疑问是：如何判断一场雨是大雨还是小雨呢？需要一个重要的数据，就是每分钟的雨水层厚度，这就是我们通常所说的降水量。假设每分钟降雨达到2毫米，这就是暴雨了。秋天时通常是绵绵细雨，一个小时甚至更久的雨水积聚起来也不过是1毫米的厚度。

像你看到的一样，雨量是可以测量的，方法也十分简单，甚至于如果你愿意，就连大概下了多少滴雨都是可以测量的。一般来讲，每12个雨滴的重量为1克。也就是说，刚刚为你的菜园子浇了320桶水的那场雨，在每平方米菜地上降下的雨滴数是4 000×12=48 000，整个菜园子里落下的雨滴数就很好计算了，有兴趣的话不妨自己计算一下看看。

当然，计算雨滴的数量没有什么实际意义，只不过是为了好玩儿罢了。我们之所以提到了这种计算，只不过是为了告诉大家，只要你学会了计算某种事物的方法，很多看起来不可思议的计算，都可以如此轻易地完成。

3. 对降雪量的测量

雨水量我们已经会计算了，那么冰雹所带来的水量怎么计算呢？用我们自制的装置在露天地里收集冰雹，待冰雹融化成水后，按照测量雨水的程序进行就可以得出数据了。

但测量降雪量所使用的方法却并非使雪融化这么简单。用水桶收集起来的雪是有可能被风吹走一部分的，所以用桶里的雪量进行计算并非足够准确。

测量降雪层厚度很简单，不使用量雨装置也可以进行，比如直接用尺子量出地面上的雪层厚度就可以了。

当你想要测量院子里的雪化后会得到的水层的厚度时，就要用到我们的自制装置了。你不必用水桶去接雪，用与地上的雪疏松度相同的雪把水桶装满，等这些雪融化后，根据标记测量出水层高度，计算出每厘米厚度的雪层可融化出的水层厚度，接下来的计算就丝毫没有难度了。

无论以何种形式——比如雨、雪、冰雹——降落下来的水，都统称为降水。依靠你个人的力量，怎样知道当地一年的总降水量？首先你得在一年中的温暖季节里一次不落地测量出所有的降雨量，包括冰雹带来的水量，然后再坚持不懈地测量出寒冬季节里以降雪的形式降下的总水量，二者之和就是当地一年的总降水量了。对于你所在地区的降水量测量来说，你的测量结果无疑是非常重要的。

下面是我国不同城市的年平均降水量：

城市	年均降水量	城市	年均降水量
列宁格勒	47 厘米	阿斯特拉罕	14 厘米
伏尔加格勒	45 厘米	库塔伊西	179 厘米
阿尔汉格尔斯克	41 厘米	巴库	24 厘米
莫斯科	55 厘米	斯维尔德洛夫斯克	36 厘米
科斯特罗马	49 厘米	托博尔斯克	43 厘米
喀山	44 厘米	塞米巴拉金斯克	21 厘米
古比雪夫	39 厘米	塔什干	31 厘米
契卡洛夫	43 厘米	叶尼塞斯克	39 厘米
敖德萨	40 厘米	伊尔库茨克	44 厘米
阿拉木图	51 厘米		

上面的19个城市中，库塔伊西无疑是冠军，它的年平均降水量是179厘米。排在末位的是阿斯特拉罕，只有14厘米，仅为前者的 $\frac{1}{13}$。

但库塔伊西的年平均降水量并不是世界之最，有些地方比它多得多。比如在印度的某个地区，每年的降水量多达1 260厘米，也就是 $12\frac{3}{5}$ 米！这简直是要被水吞没了吧？更可怕的是，这里甚至曾经一昼夜降雨超过100厘米！

可阿斯特拉罕也不是世界上降水最少的地方，有的地方比它少得多，比如南美洲的智利，年降水量连1厘米都不到，真是令人瞠目结舌。

年降水量少于25厘米就是干旱地区了，如果不进行人工灌溉，根本无法进行粮食种植。这种城市，在上面的表格中，除了阿斯特拉罕，还有巴库和塞米巴拉金斯克。

假如你并不是上述任何一个城市中的居民，也无法知道自己城市的降水量，不妨亲自动手测量。付出一整年的时间，认真测量每一次的降雨或冰雹带来的水量，以及每一次降雪得到的水量，你会很明确地了解到当地的湿度在整个国家的所有城市中处于什么样的地位。

睁大我们的眼睛就会发现，通过对不同地区年均降水量的测量，可以得到全球的年均降水量。

我可以给你一个数据：地球上全部陆地上的年平均降水量是78厘米。大洋上的年降水量没有被测量过，有人认为应该与陆地上同等区间的降水量大同小异，所以计算出全球降水量并不难。如果用这种方法进行计算，我们必须先知道地球表面积的大小，假如你对这个数值并不了解，不妨用下面的方法计算一下：

地球的周长约为40 000 000米，即40 000千米。任何圆形的周长大约是其直径的 $3\frac{1}{7}$，因此地球的直径就约为：

$$40\ 000 \div 3\frac{1}{7} \approx 12\ 700\text{千米}$$

求任何球体的表面积都适用的公式：表面积=直径^2 × $3\frac{1}{7}$。因此地球的表面积可以计算为：

$$12\ 700^2 \times 3\frac{1}{7} \approx 507\ 000\ 000\text{平方千米}$$

由于只有前三个数字有效，所以我们将第三个数字后的数字全部写为0，最终结果使用更简单的写法为：5.07亿平方千米。

现在我们来计算每平方千米的降水量。这首先需要计算每平方米或每10 000平方厘米的降水量：

$$78 \times 10\ 000 = 780\ 000\ \text{立方厘米}$$

根据这个数据可以计算出每平方千米的降水量是780 000立方米。现在可以计算全部地球表面上的降水量了：

$$780\ 000 \times 507\ 000\ 000 = 395\ 460\ 000\ 000\ 000\ \text{立方米}$$

这样读起来太困难了，不妨简化一下，将它换算为立方千米。方法是用该数除以10亿（即1 000 × 1 000 × 1 000），准确的结果是395 460立方千米。

可见，每年由大气层落在地球表面的总水量约为400 000立方千米。

关于用几何的方法进行雨雪测量的话题我们就探讨到这里，如果你对此有兴趣，想要更多地了解它，不妨找一些气象学的书籍来阅读。

第十章

被数学推翻的挪亚方舟

1. 上帝的计划

《圣经》中有一个神话传说，提到整个世界曾被比最高的山峰还深的雨水淹没。故事是这样的：

上帝有一天"后悔在地球上创造了人类"，于是决定将自己创造的一切生物——无论是人，还是飞禽走兽——统统消灭，让地球表面上再也没有它们的存在。

但有一个人不同，他是遵守教规的挪亚。上帝不想伤害他，于是在实施自己毁灭世界的计划之前通知了他，让他建造一艘大船，建好后与自己的一家，以及他成年的孩子的家人一起，把地球上每种动物都带一对儿到船上，并在船上储备好够吃相当长时间的食物。

《圣经》上称这艘大船为"方舟"，按照上帝的要求，方舟的尺寸是"长300肘，宽50肘，高30肘"，分三层。

上帝的计划是什么呢？他要让持续不断的大雨带来巨大的山洪，用洪水来毁灭地球上所有的人和动物。然后由挪亚带着他的家人和他拯救的动物们在地球上创造一个新世界。

挪亚用7天的时间完成了上帝的安排。"7天之后，"《圣经》里写道，"大洪水涌向地球……雨下了整整40个昼夜……成倍增加的水将方舟托起来……水面急剧上涨，淹没了地球上所有的高山，水面高出地球上的最高山峰15肘……地球表面上的所有生物都毁灭了，只有挪亚和他的同伴们在方舟的保护下活了下来……"

大洪水在110个昼夜之后终于消退了。就像上帝安排的那样，挪亚和家人带着方舟上的所有动物下了船，开始在洪水消退的地球上建立起一个新世界。

这个传说你或许并不陌生，但我要对这个传说提两个数学问题：

（1）真的有可能下那么大的雨吗？居然能把世界上最高的山峰全部淹没？

（2）挪亚方舟能容得下地球上所有种类的动物吗？

2. 真有那么大的洪水吗

解答上面的两个问题都要借助数学。

首先我们来解答第一个问题，是否真的有可能下那么大的雨？

水从哪里来？只能是大气层。消退的水去了哪里？还是大气层。为什么这么说呢？

能将全世界淹没的水量之大无法想象，没有全部渗入地下的可能，当然也不可能离开地球，它们只可能蒸发，变成地球的空气层，很可能现在还存在于那里。如果这是真的，那么假设现在大气层中的水蒸气全部都以雨的方式落下来，地球上就会再发生一次可怕的大洪水，洪水将把最高的山峰全部淹没，地球上的生命将再一次被毁灭。现在，让我们来检验一下是否真的如此。

想要知道大气层中含有多少水分，气象学书籍可以给我们清楚的答案：每平方米空气柱含水蒸气约16千克，并且绝对不可能超过25千克。

我们按25千克这个上限作为依据来做一下计算。1平方米=10 000平方厘米，1平方米水层的体积相当于25千克雨水的体积，也就是25 000立方厘米，用这个结果除以底面积，就可以得到雨水层的厚度是：

$$25\,000 \div 10\,000 = 2.5\ 厘米$$

这说明，即使大气层中所有的水都降落到地面上，没有渗入的发生，雨水层也不会高于2.5厘米。

好吧，如果说上帝的大洪水真的再发生了，我们现在知道，洪水的高度最大也只不过是2.5厘米，这距离世界最高峰珠穆朗玛峰的顶点远得很，无论如何也谈不上将最高的山峰淹没。《圣经》中的传说过分夸大了洪水的高度，它所描述的洪水是我们上述计算结果的360 000倍。

所以现在看来，没有什么可怕的，传说中所谓的全球性"大洪水"其实根本称不上什么洪水，充其量只是极小的小雨，这场小雨一直不停地下40个昼夜，一共只能下25毫米，每昼夜连半个毫米都不到。就算是我们秋天的绵绵细雨下上一昼夜，降下的水量也是它的20倍呢！

3. 挪亚方舟是否可能存在

上帝让挪亚把陆地上的每种动物都带一对儿上船，那么挪亚方舟真的能容纳这么多动物吗？想要解答这个问题，我们先要计算一下方舟上可居住的面积。

根据《圣经》中的描述，挪亚方舟共分三层，每层"长300肘，宽50肘"。"肘"是古西亚人唯一使用的度量单位，1肘大约相当于现在的45厘米。将方舟的尺寸换算成现在的度量单位，挪亚方舟的长与宽相当于：

长：300肘=300×45=13 500厘米=135米

宽：50肘=50×45=2 250厘米=22.5米

每层的面积是：135×22.5≈3 040平方米

三层的总面积是：3 040×3=9 120平方米

这个面积足以容纳陆地上所有种类的动物吗？陆地上有多少种动物？我们暂不计算全部的数量，仅先看看其中的哺乳动物。

地球上的哺乳动物大约有3 500种，挪亚所建的方舟不仅要装得下动物，还要装得下足够它们吃100多个昼夜的食物。这就意味着，对于肉食性动物，不仅要为它们安排居住的地方，还要为充当它们的食物的动物安排住处和食物。

我们假设挪亚带走的全部都是哺乳动物，那么按照方舟的总面积平均分摊下去，每对动物分到的面积是：

$$9\ 120 \div 3\ 500 \approx 2.6\ 平方米$$

这个面积所要容纳的包括这对动物本身，还包括它们的食物，甚至包括充当它们的食物的动物以及这些动物的食物。此外，为了避免动物之间出现不必要的纠纷，必须要将它们分别关在笼子里，笼子之间必须留有过道……还有一点应该考虑到的是，挪亚带走的不仅仅是动物，还有自己的家人，人也要占有一定的面积，所以平均每对动物2.6平方米的标准其实也是达不到的。

但这仍旧只是我们的想象，因为方舟上带走的不仅仅是哺乳动物，还包括其他许多种类的动物，它们的体积虽然普遍比哺乳动物要小，但种类却比哺乳动物多很多。比如鸟类大约有13 000种，爬行类动物大约有3 500

种，两栖类动物大约有1 400种，节肢类大约有16 000种，昆虫类大约有360 000种。

按照我们前面的计算，就算方舟上只带走哺乳动物，也已经拥挤到了无法想象的程度，更不要说再带上品种繁多数不胜数的其他动物了。如果真的要把它们都带上，那挪亚方舟简直不知道要扩大多少倍才可以装得下了。

但按照《圣经》里的记载。挪亚方舟已经是非常非常大的一艘船了，在水手口中，它的"排水量"甚至达到了20 000吨！要知道在那么久远的年代，当时的造船技术只是处于萌芽状态，造出这么巨大的船是想都不敢想的。就算是真的有这么大一艘船，对于"上帝"安排的任务来说它还是太小了，这里需要的绝对不是一艘船，而是一个备足可用好几个月食物的成熟的巨型动物园！

我们必须理智地说，《圣经》中所记载的这个关于全球性大洪水的传说显然是没有一点点可信之处的，几个小小的数学计算就可以把它完全推翻。这个传说之所以出现，或许只不过是某个地方下过的一场洪水给了他们灵感，从而编撰出了这样的一个故事吧，至于其他的内容，全部是靠西方人丰富的想象力虚构出来的。

第十一章

最后 30 道题

我希望这本书不会让读者一无所获，希望它不仅让读者感觉快乐，还可以使读者变得更加敏锐与机智，并学会巧妙地运用这里所得到的知识，从而获得更多。也许亲爱的读者把这本书阅读到现在，已经迫不及待地想检验一下自己的解题能力了。为此，在这本书的最后，我们为读者准备了30道不同类型的难题。

1. 断链连接

一位顾客请铁匠把一根断成5段的链子重新连接在一起，每段链子由3个环连接而成（图83）。

图83　断链连接

铁匠决定打开并重新锻接4个环。

你的方法是什么？可以少于4个吗？

2. 各有几只

小男孩捉了蜘蛛和甲虫，一共8只，他把它们放进了盒子里。这些小生物一共有54只脚。你知道蜘蛛和甲虫各有几只吗？

3. 求价格

帽子比雨衣便宜9卢布，套鞋的价格加上16元是帽子和雨衣的价格之和。你知道它们的价格分别是多少吗？注意：只能口算，不能用方程。

4. 鸡蛋和鸭蛋

摊主的几只篮子里分别装着鸡蛋和鸭蛋，篮子里蛋的数量分别是：5、6、12、14、23和29个。卖蛋人打算先卖掉一只篮子里的蛋，使剩下的鸭蛋数量是鸡蛋数量的一半。你知道他打算卖掉的是哪一篮吗？

5. 飞行时间

一架飞机从A城飞到B城要用1小时20分钟的时间，而从B城飞回A城却需要80分钟。

这是为什么？

6. 两对父子

两位父亲分别给了自己的儿子150卢布和100卢布，但这两个儿子口袋里的钱一共只增加了150卢布，

你觉得这是怎么回事？

7. 棋子的摆法

把两个颜色不同的棋子摆在空的国际象棋棋盘上，有几种摆法？

8. 最小的正整数

请你用两个数字写出最小的正整数。

9. 表示 1

你能用从0到9这十个数字来表示1吗？

10. 表示 10

请你至少写出两种用5个9表示10的方法。

11. 表示 100

用0到9这十个数字表示100至少可以有四种方法，你能想出几种？

12. 五个相同的数字

用五个相同的数字表示100，要求至少写出四种方法。

13. 四个 1

给你四个1，你能写出的最大数是什么？

14. 恢复算式

下面是两道除法算式，在左面的算式中，你只能看到四个数字，并且全都是4，其他的数字全部被星号遮盖住了。需要你做的是把藏在星号背后的数字恢复原貌。这道题的解法并非只有一种。

```
                *4**
        ***) ******4
             ***
             **4*
             ****
             ****
              *4*
             ****
             ****
              0
```

15. 神秘的除法

在上面的两道除法算式中，右面的那道只能看到七个数字，并且全都是7，请你找出被星号替代的数字。

```
                  **7**
        *****7* ) **7*******
                  ******
                  *****7*
                  *******
                   *7****
                   *7****
                  *******
                  ****7**
                   ******
                   ******
                        0
```

16. 一条带子

若干个边长为1毫米的小正方形的总面积为1平方米，如果把它们一个挨一个并排摆成一条带子，能摆多长？不能用笔算。

17. 一根柱子

若干个边长为1毫米的小正方体的总体积是1立方米，如果把它们一个接一个地摆成一根柱子，能摆多高？仍旧要用口算。

18. 飞行高度

一架飞机在飞行时被位于其正下方的相机拍了照。已知飞机机身与机翼的总宽度是12米，相机所在的暗箱深度为12厘米，相机内的飞机影像宽度为8毫米。请你根据这些计算出拍照的瞬间飞机的飞行高度。

19. 一百万

假设你手上拿着一件重量为89.4千克的物品，请你在头脑中计算一下，如果这种物品的数量是100万件，它们的总重量会是多少吨？

20. 等距离的路线

图84中所示的是一片林区，它被林班
线分隔成若干个正方形林班。图中有一条
虚线，它是沿着林班线从A点到B点的路
线。很显然这并非两点间的唯一路线。如
果让你找出一些两点间其他的路线，要求
是距离要与图上的这条路线相等。你能找
到几条?

图 84　被林班线隔开的林区

21. 划分表盘

图85是一个表盘，上面有12个刻度。请你
将它分成任意6个部分，前提是每个部分内的
刻度数之和完全相等。这里只需要快速推算的
能力，与你是否机智没有任何关系。

22. 八角星

图86所示的图形中，线与线的全部交点上各有一个圆圈，请你把从1
到16这十六个数字分别填入圆圈中，要求正方形各边上的数之和与各角上
的数之和相等，都是34。

图 85　表盘

图86　八角星

23. 数字车轮

图87是一个车轮形状的填数图形，请你
把从1到9这九个数字分别填入圆圈中，中心
填一个，每条直径的两端各填一个。要求是
每条直径上的三个数字之和都等于15。

图87 数字车轮

24. 三条腿

有人说，三条腿的桌子永远不会晃，即使是三条腿不一样长，也不会
影响它的稳定性，这是真的吗？

25. 多少度的角

你知道图88中两个表盘上的表针夹角是多少度吗？这里要求不能使用
量角器等测量工具，请你动动脑筋，将它们的夹角度数推算出来。

图88 表针的夹角

26. 环绕地球

如果一个人沿赤道环绕地球行走一周，他的头部和脚经过的路线都可
以分别画成一个圆周，并且头部画出的圆周路线长度一定大于脚画出的圆
周路线，你知道大多少吗？

27. 每排 5 人

你可能听过那个可笑的小故事，就是把9匹马圈入10个栏里，还要使每个栏里都有1匹马。这道题与那个故事有一点像，不过它可不是个笑话，它是有答案的。这个题目是：把24个人排成6排，每排有5人。

28. 月牙和十字

在图89中，左侧的图形是一个半月图形，确切地说是一个月牙儿形，它是由两个圆弧构成的。请你画一个红十字标志的图形，使它的几何面积与这个月牙形的面积相等。

图89　月牙和十字

29. 正方体的切割

给你一个体积为27立方厘米的正方体，它的边长是3厘米。你知道，把它切成27个边长为1厘米的小正方体并不难，只需要用六个面去切割就可以了：先与正方体的一个面平行切两下，再与另一个面平行切两下，再与第三个面平行切两下。现在我忽然有一个想法，如果你在每次切割后把切开的部分叠放在一起，使下次能同时切到更多的部分，这样的话，你能少切割几次就完成任务吗？

图 90　正方体的切割

30. 切割棋盘

本题与上一题略有不同。将一个64格的国际象棋棋盘沿直线切成一个一个的小方格，每次切割后允许把切开的部分叠放，使下一次切割时能同时切到几个部分，而不是只能切割到一个部分。那么你一共进行多少次的直线切割，可以把整个棋盘切割成64个小方格？

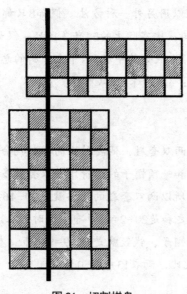

图 91　切割棋盘

揭秘：你的答案正确吗

1. ☆断链连接

打开3个环就可以了。方法是把其中一段链子上的3个环全部拆开，用它们将另外4段链子连接起来。

2. ☆各有几只

首先要知道的是，每只甲虫有6只脚，每只蜘蛛有8只脚。如果8只都是甲虫，那么盒子里就会有$6×8=48$只脚，比实际上的54只脚少6只。假如其中有1只蜘蛛，脚的总数就会多2只，那么假如其中有3只蜘蛛，脚的总数就会多6只，这正是我们想要的结果。因此盒子中一共有3只蜘蛛，5只甲虫。这个答案对不对？计算一下就可以了：$5×6+3×8=54$只。

同理，我们还可以用另外一种方法。假如8只都是蜘蛛，那么盒子里一共会有$8×8=64$只脚，比实际上的54只多10只。假如其中有1只甲虫，脚的总数就会少2只，那么假如其中有5只甲虫，脚的总数就会少10只。因此也会得出同样的结论：3只蜘蛛，5只甲虫。

3. ☆求价格

假如一个人买了两双套鞋，他要付出的钱数就会比20卢布少，少多少呢？这要看一件雨衣和一顶帽子的总价比一双套鞋多多少，题目中给出了这个钱数是16卢布。所以两双套鞋的价格就是$20-16=4$卢布。现在我们知道帽子和雨衣的价格之和是$20-2=18$卢布，同时雨衣比帽子贵9卢布。那么假设一个人买了两顶帽子，钱数就是$18-9=9$卢布。本题的答案为：套鞋2卢布、帽子4卢布50戈比、雨衣13卢布50戈比。

4. ☆鸡蛋和鸭蛋

摊主打算卖掉的是装有29个蛋的篮子。剩下的篮子中，装鸡蛋的篮子装有23、12和5个蛋。装鸭蛋的篮子装有14和6个蛋。

我们可以进行一下检验：剩余鸡蛋的数量为23+12+5=40只，剩余鸭蛋的数量为14+6=20只，鸭蛋的数量是鸡蛋的一半。

5. ☆飞行时间

1小时20分钟本来就等于80分钟。只有心不在焉的人才会觉得1小时20分钟和80分钟之间有差距。在认真的人看来，这简直不可思议，但上当的人还真不少呢。习惯计算的人总是比很少计算的人多，因为人们在日常生活中习惯了十进制和钱的单位换算，突然看到"1小时20分钟"和"80分钟"这样的文字表达时，就会习惯性地进行比较，就像比较1卢布20戈比和120戈比一样。这道题所利用的就是这种错误的习惯心理。

6. ☆两对父子

两位父亲和两个儿子其实一共只有三个人，他们是爷爷、儿子和孙子。爷爷给了自己的儿子150卢布，他的儿子又将其中的100卢布给了自己的孩子，也就是爷爷的小孙子。所以整个过程中的钱数只有150卢布。

7. ☆棋子的摆法

两颗棋子中的第一颗可以放在64个方格中的任意位置，因此它有64种摆法，但每当它放在一个位置上，第二颗棋子都只能选择其他63个方格中的任意一个。因此两颗棋子在棋盘上的摆法一共有64×63=4 032种。

8. ☆最小的正整数

两个数字能摆出的最小正整数是什么？有些读者会认为肯定是10，但事实上还有比10更小的，它们是用两个数字表示的1。比如：

$$\frac{1}{1}, \frac{2}{2}, \frac{3}{3}, \frac{4}{4}, \frac{5}{5}, \frac{6}{6}, \frac{7}{7}, \frac{8}{8}, \frac{9}{9}$$

还有另外一种方法，只要你懂点代数就能写得出来：

$$1^0, 2^0, 3^0, 4^0, 5^0, 6^0, 7^0, 8^0, 9^0$$

任何数的0次方都等于1。你写对了吗？

9. ☆表示1

这道题的答案不止一种。比如可以用两个分数的和来表示1：

$$\frac{148}{296}+\frac{35}{70}=1$$

此外像上面一题一样，懂代数学的读者还会给出下面的一些答案：
$123\ 456\ 789^{0}$，$234\ 567^{9-8-1}$，等。

10. ☆表示10

这是其中的两种表示法：$9+\dfrac{99}{99}=10$；$\dfrac{99}{9}-\dfrac{9}{9}=10$。

还可以用到代数知识，比如：$\left((9+\dfrac{9}{9})^{\frac{9}{9}}\right)=10$；$9+99^{9-9}=10$。

11. ☆表示100

这是四种表示方法：

$$70+24\frac{9}{18}+5\frac{3}{6}=100；\quad 80\frac{27}{54}+19\frac{3}{6}=100；$$

$$87+9\frac{4}{5}+3\frac{12}{60}=100；\quad 50\frac{1}{2}+49\frac{38}{76}=100。$$

12. ☆五个相同的数字

用五个相同的数字表示100，1、3或者5都可以做到，其中用五个5来表示100最简单：

$111-11=100$；$33\times3+3\div3=100$

$5\times5\times5-5\times5=100$；$（5+5+5+5）\times5=100$

13. ☆四个1

用四个1写出的最大数，人们通常会想到$1\ 111$，但它其实不是最大的，最大的是11^{11}。有兴趣的话你可以把这个数计算出来，如果你懂得对数就最好了，可以算得更快。当你计算出来之后就会震惊了，因为这个数字要大于$2\ 800$亿，是$1\ 111$的2.5亿倍！

14. ☆恢复算式

下面的四个答案都可以适用于本题中的除法算式：

$1\ 337\ 174\div943=1\ 418$；$1\ 343\ 784\div949=1\ 416$

1 200 474÷846=1 419; 1 202 464÷848=1 418

15. ☆神秘的除法

本题的答案是唯一的：7 375 428 413÷125 473=58 781。

上面的两道难题最早刊登于美国的《数学报》（1920年）和《中学世界》（1906年）。

16. ☆一条带子

1平方米=1 000 000平方毫米，可见1平方米的面积中有100万个边长为1毫米的正方形。排出长度为1米的带子需要1 000个边长为1毫米的正方形，100万个正方形排成一条长长的带子，总长度会是1 000米（1千米）。

17. ☆一根柱子

答案可能会让你吃惊：这根柱子高1 000千米！

口算就可以计算出结果：1立方米=（1 000×1 000×1 000）立方毫米，将1 000个边长为1毫米的小立方体一个一个摞起来，能摞到1 000米高，但我们的小立方体的实际个数是它的1 000倍，所以这根柱子的长度应该是1 000个1 000米，也就是1 000千米。

18. ☆飞行高度

图92所绘制的正好是当时的场景。由于角1与角2相等，所以飞机的直线尺寸和它在相机中的影像尺寸之比，与飞机距相机之间的距离和暗箱的深度之比是相等的。假设飞机飞行高度为x米，可以列出方程式：12 000÷8=x÷0.12。解方程可得x=180米。

19. ☆一百万

100万件的重量显然要用89.4克与100万相乘。

图92　飞机的直线
尺寸和它在相机中的
影像尺寸之比示意图

100万即1 000 000＝1 000×1 000，为了方便口算，我们将乘法分成两步进行：第一步89.4×1 000＝89.4千克（1千克＝1 000克）；第二步89.4千克×1 000＝89.4吨（1吨＝1 000千克）。答案是：100万件该物品的总重量是89.4吨。

20. ☆等距离的路线

本题的系统解答可以借助代数教程研究的连接理论。答案是：沿着林班线从点A到点B的等距离路线一共有70条。你自己找出了几条呢？

21. ☆划分表盘

表盘上从1到12这十二个数字之和是78，如果6个部分的数字之和相等，那么每1个部分的数字之和就是78÷6＝13。得到了这个数字，会使我们在求解的过程中少走许多弯路。这6个部分的划分方法如图93。

图93　6个部分的划分方法

22. ☆八角星和23. ☆数字车轮

这两道题的答案见图94和图95。

图94　八角星的目标摆法　　　　图95　数字车轮的目标排法

24. ☆三条腿

空间中三点能且只能成一面，三条腿桌子的三条腿永远都能同时触到地板，所以它的稳定性的确非常棒。这是一道纯粹的几何题，并不是一些人以为的物理题。土地测量的仪器和摄影器材的支架都是三角形，就是因为这个原理。如果用四条腿的支架，反倒更让人操心，因为那样不仅不能比三脚架更牢固，还要让人总是费心关照它的摇晃问题。

25. ☆多少度的角？

解答这道题之前先要做一个准备工作，那就是识别出表盘的指针所指示的时间。这并不难。图88中的左图指示的是7点整，由此可以判断出两个表针的顶端所夹的弧长占表盘周长的 $\frac{5}{12}$，所以这段弧的度数也应该是整个表盘的 $\frac{5}{12}$，即360° × $\frac{5}{12}$ =150° 。以同样的方法判断右图。右图中的指针所指示的时间是9点30分，因此它们的顶端所夹的弧长占表盘周长的 $\frac{7}{24}$（即 $3\frac{1}{2}$ 个 $\frac{1}{12}$ 周），这段弧的度数是：360° × $\frac{7}{24}$ =105° 。

26. ☆环绕地球

我们假设这个环绕地球的人的身高是175厘米，地球半径为 R，那么本题的答案应该为：

$2×3.14×（R+175）-2×3.14×R=2×3.14×175=1\ 100$ 厘米 $=11$ 米

在计算的过程中你可以惊讶地发现，该算式的计算结果其实与地球的半径没有任何关系。所以说，无论这个人是绕着巨大的太阳行走，还是绕着一个小球，结果都一样。

27. ☆每排5人

将24个人按照图96所示的排法排成一个六边形，就能满足题目中的"排成6排、每排有5人"的要求了。

图96　六边形的排法

28. ☆月牙和十字

　　有人说化圆为方属于无解题，听过这种说法的读者也许会觉得，既然没有办法把圆形变化成一个大小相等的正方形，那么将两个圆弧构成的月牙形变成一个长方形肯定也是不可能的，所以这道题根本不可能用几何知识找出答案。

　　但是，著名的毕达哥拉斯理论中有一个十分有趣的结论，利用它来解答本题并不难。这个结论认为，三角形两条直角边上的两个半圆的面积之和等于斜边上的半圆面积（图97），如果像图98那样把斜边上的半圆反方向翻转，就可以很直观地发现三角形的面积与阴影部分的面积是相等的。那么假设这个三角形是等腰三角形（图99），每个月牙形的面积就一定是三角形面积的一半。

图97　斜边半圆面积等于　　　图98　三角形的面积　　　图99　月牙的面积是
　两直角边半圆面积和　　　等于月牙阴影部分面积　　　三角形面积的一半

　　上述分析可以证明：用几何的方法可以画出一个与月牙形面积相等的等腰直角三角形。

　　虽然我们不能直接画出一个与月牙形面积相等的正方形，但把等腰直角三角形变成一个面积相等的正方形却并不难（图100），那么很显然，通过纯几何的方法用一个面积相等的正方形取代月牙形是可以做到的。

得到这些结论之后，我们要做的工作就只剩把这个正方形变成一个面积相等的红十字形了（红十字标志的图形显然是由5个完全相等的小正方形组成的）。做到这一点的方法有好几种，图101和图102是其中的两种方法，它们的共同点是都从连接正方形的顶点与对边的中点开始入手。

图100　由等腰直角三角形　　　图101　将正方形变为十字形的第一种方法
　　　　变为的正方形

我们将整个步骤总结一下：先用直线连接月牙的两个端点A和B，取AB的中点O做垂线OC，使$OC=OA$，以OC和OA为边长补全正方形$OADC$（图103），然后再根据图101和102的详细图解，将这个正方形变成红十字标志图形。

图102　将正方形变为十字形的第二种方法　　　图103　整个步骤示意图

29. ☆正方体的切割

尽管题中给出了一个简便的切割方法，但事实上它并不能使切割的过程变得更简单。因为不管怎样进行切割，都必须沿六个截面进行。在由大正方体切割而成的27个小正方体中，位于正中心的那个小正方体有6个面，不管我们怎么将切好的部分叠放在一起，都没办法一下切出这个小正方形的两个面。

30. ☆切割棋盘

先来计算一下，将一个国际象棋棋盘切成64块最少要切几次：

第一次会将棋盘切成两块，将这两块叠放在一起，切第二次，切成4块，继续叠放切割，每切一次，数量就翻倍一次。第三次会切成8块，第四次16块，第五次32块，第六次64块。也就是说，用叠放切割的方法，每次切完都将切开的所有部分叠放在一起，一共需要切6次才能把一个国际象棋棋盘切成64个小块，少于6次切割是无法做到的。

那么6次切割的确可以最终得到2^6=64个完全相等的小方块吗？还是需要注意一些规则。那就是每次切割都要保证切开的部分大小相等，接下来的每次切割也都要保证将前面切割完的部分再次平分。

图104是前三次切割后国际象棋棋盘的状态。

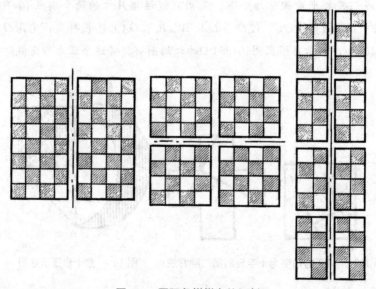

图 104　国际象棋棋盘的切割

趣味数学
思考题

第一章

有趣的分布与换位

1.1 个笑话

把9匹马分别拴在10个马圈里，这听起来简直是个笑话。我这里也有1个差不多的笑话，但不要小瞧它，它可是1道真正的数学题。

把24人排成6行，并保证每行有5个人。你能做到吗？

2.6 分钱

这里还有一个有趣的题目，现在我们来动动脑筋，变一个数学魔术。

按照图1的方法，将9枚硬币摆成3行3列，使横竖各行加起来都是6分钱。然后另取1根火柴，放在其中的1枚硬币上。我们的要求是被火柴压住的那枚硬币不准移动，尝试移动其他硬币，使横竖各行加起来仍是6分钱。

你可以向朋友们提出这个问题，如果他们做不到，那么就需要你这位大魔术师出场了。想一想，你该用什么巧妙的方法让大家见证"奇迹"？

图1

3.4 条直线

找一张纸，像右边那样写3行0，每行写3个，然后用笔画4条直线，把所有的"0"都划掉。

想一想，该怎么画？如果我说，我可以一笔画出这4条神奇的直线，你能知道我是怎么做到的吗？

0	0	0
0	0	0
0	0	0

4. 划掉 12 个

画一个6行6列的表格（图2），将36个0写入表格中的36个格子里。然后用笔划掉12个0，使划掉后横竖各行剩下的0的个数相同。想想应该怎么做？

0	0	0	0	0	0
0	0	0	0	0	0
0	0	0	0	0	0
0	0	0	0	0	0
0	0	0	0	0	0
0	0	0	0	0	0

图2

5. 2枚棋子

你会下棋吗？我们来出一个与棋盘有关的题目：准备一个有64个格子的空棋盘，取2枚不同的棋子，把它们摆到空棋盘上，有多少种摆法？

6. 按大小排队

图3中有8个数字分别填在8个格子里，黑色的格子为空格。请你试着借助空格的帮助挪动这8个数字，走最少的步数，使它们按从大到小的顺序排列好。这看起来好像难度系数极低，但它还有一个条件限制，那就是要求所走的步数最少。这就需要动一番脑筋了。

图3

7. 三兄弟的工作路线

三兄弟在离家不远的地方各得到一块土地，他们的房子和土地所处位置如图4所示。他们在自己的土地上种起了蔬菜，每天辛勤地去地里劳作。

但我们从图中可以发现，老大和老三的土地都没有在自己的房子对面。事实上，他们也不同意互换土地。因此，三兄弟每天出门工作的路线就出现了交叉，很不方便。没过多久，大家的心里就产生了不满的情绪。

图4

　　三兄弟都不愿意因为这件事发生矛盾，所以就决定：每个人重新选择一条自己出行的道路，这三条路要保证互相不交叉，并且都不能从老二的房子后面绕过去。你知道他们最后选择的是怎样的3条路吗？

8. 糊涂的卫兵队长

　　有一位首领带队在野外扎营。首领的帐篷在最中间，卫兵们分别住在他周围的8个帐篷里（图5），每顶帐篷住3名卫兵，由卫兵队长负责每天查哨。开始的时候，卫兵们还老实地守在自己的帐篷里，后来由于没什么危险状况，也就不限制不同帐篷里的卫兵们互相走动了。卫兵队长在查哨的时候，只要每一排的3个帐篷中的士兵总数达到9名，他就不会责罚他们，至于他们是否待在自己的帐篷里，也无关紧要了。

　　卫兵们并不愿意每天守在营地，经过私下里的认真讨论，他们想出了骗过卫兵队长的办法。于是有一天，他们中的4个人悄悄离开营地出去享乐，剩下的人用提前商量好的方法瞒过了卫兵队长。次日，他们出去了6个，还是没有被发现。后来他们索性把客人带回帐篷里，有时候带回4个，有时候带回8个，甚至还曾经带回12个，但始终没有被发现。因为他们总是能让每一排的3个帐篷里一共有9名卫兵。

图 5

　　你知道他们是怎么瞒过卫兵队长的吗？

9. 10座城堡

古代的一位国王打算修建10座城堡，他的想法是用5条直线型的城墙将城堡彼此相连，同时保证每条城墙都要连接4座城堡。

图6

建筑师很快就按照国王的吩咐画出了设计图（图6），但国王并不满意。国王认为，这份设计图中的每座城堡都没有受到城墙的保护，外敌很容易就能接近，这显然是十分危险的。而他想要的，是10座城堡中的1到2座可以处于城墙的保护之中。

建筑师认为，在每条城墙都连接4座城堡的前提下，想要保证有1到2座城堡完全处于城墙的保护之中，是很难做到的。但是由于国王的强硬要求，他只好绞尽脑汁地重新设计符合要求的图纸，并最终设计出了满足国王要求的方案。

我相信如果你是这位建筑师，也一定会找出正确的答案来。

10. 砍树工人的鬼把戏

果园里原本长着49棵果树，你可以通过图7了解它们的分布情况。果园的主人想在园子里开辟一个大花圃，这需要砍掉29棵果树。于是，他吩咐砍树工人把果树每行留下4棵，一共留5行，并许诺其他的果树砍掉后可以当作他的工钱。砍树工人很高兴，热火朝天地干了起来。

　　树砍完了，果园主人却差点晕过去。原来工人只给他留下10棵树，其他的39棵全部被砍掉了！他对工人怒吼："我不是吩咐你留下20棵吗？"工人委屈地说："你只告诉我留5行，每行4棵，我就是这么做的啊！"

　　果园主人强忍着怒火看了看剩下的10棵果树，顿时哑口无言。因为这10棵果树的确组成了5行，并且每行恰好是4棵！就这样，果园主人白白地失去了10棵果树。砍树工人到底搞了什么鬼把戏呢？

图 7

揭秘：你的答案正确吗

1. ☆1个笑话

让24个人排成一个正六角形，如图8所示，使每条边上都恰好有5个人。

2. ☆6分钱

被火柴压住的那枚硬币所在的一行不动，将下面的一行整行移到最上面（图9），横竖各行仍是6分钱。

图8

图9

3. ☆4条直线

不提笔尖画出的四条直线如图10所示。

4. ☆划掉12个

像你在图11中所看到的那样，将36个0中的12个划掉，剩下的横竖各行都有同样多的0。

图10

0		0	0	0	
		0	0	0	0
0	0	0			0
0	0		0		0
0	0			0	0
	0	0	0	0	

图11

5. ☆2枚棋子

第1枚棋子可以摆在任意一个格子里。而它每摆1次，第2枚棋子都可以摆在另外63个格子中的任何一个格子里，第1枚棋子摆64次，第2枚棋子就可以摆64×63次。因此2枚棋子同时摆在棋盘上的摆法有64×63=4 032种。

6. ☆按大小排队

按如下的顺序依次向空格移动这8个数字，移动23步，即可满足以最少的步数将8个数字按从大到小顺序排列的要求：

1 2 6 5 3 1 2 6 5 3 1 2 4 8 7 1 2 4 8 7 4 5 6

7. ☆三兄弟的工作路线

像图12中那样，老三直接从家里走向自己的菜地，而老大和老二都要绕个弯子。虽然两位哥哥辛苦一点，但这三条路线满足了他们最初的要求，也使兄弟的相处更融洽了。

图12

8. ☆糊涂的卫兵队长

在图13所列出的6个小图中，小图（a）是营盘的地图，中间是首领的帐篷，周围的8顶帐篷是卫兵的。

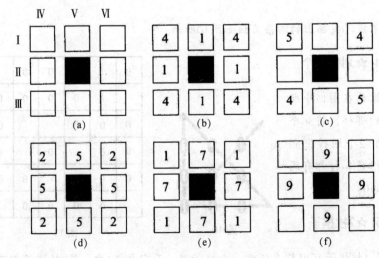

图13

当4名卫兵外出时，帐篷内还剩24-4=20名卫兵。首先Ⅰ行和Ⅲ行的帐篷里必须各有9名卫兵，那么20-18=2，余下的2名卫兵就在首领前、后的2顶帐篷里各布置1名。通过同样的方法，可在首领左、右的2顶帐篷里也各布置1名。因此就形成了小图（b）中的分布，横竖各行中间分别设置1名卫兵，四角上各布置4名。我们可以用同样的思路分辨出小图（c）是6名卫兵外出时的布置方法。

后来，卫兵们将客人带回帐篷，人数增加了，怎样才能不被发现呢？4位客人时按小图（d）布置，8位客人时按小图（e）布置，12位客人时按小图（f）布置。

当你尝试更多的数字后就会发现，每次溜出去的卫兵不能多于6名，或者每次带回的客人不能超过12名。

9. ☆10座城堡

图14中的排列方法都可以满足国王的要求，也就是有1到2座城堡在城墙的保护之中。

图14

其中，左边的小图是有2座城堡被保护的方法，右边的小图是有1座城堡被保护的几种方法。

10. ☆砍树工人的鬼把戏

图15中的排列方法恰好是一共5行，每行4棵树。贪心的砍树工人就是这样骗走了果园主人的10棵果树。

图15

第二章

巧手动脑分割与拼合

1. 7头小猪

图16中有7头小肥猪在快乐地玩耍。你能画3条直线，将图分成7个部分，使每个部分中有1头小肥猪吗？

2. T形的土地

5个大小一样的正方形组成了一块"T"形的土地（图17）。你可以把它的形状画在纸上，然后试着将这块组合后的"T"形土地分成4个相等的部分。

图16　　　　　　　　　　　　　图17

3. 名贵木板

有人得到2块圆形带孔的木板（图18），请一位远近闻名的木匠制成一块圆桌面。他要求木匠把木料完全用尽，不能有剩余。这2块木料非常名贵，木匠很是费了一番脑筋，终于想出了一个好办法。如果你有兴趣，可以用纸剪出一样的图形来试一试，记住尺寸不要太小。

4. 表盘

这道数学题与智力无关，它更关注你的思维是否敏捷。图19是1个表盘，请你将它分成任意6个部分，要求每部分的数字之和相等。

图18　　　　　　　　　　　图19

5. 巧笔分月牙儿

弯弯的月牙儿挂在天上（图20）。画两条直线，把月牙儿分成6份，你能做到吗？

6. 逗号拼圆形

以AB为直径，C为原点，向右画1个半圆形。再以BC为直径，向右画1个半圆形。最后以AC为直径，向左画1个半圆形。

这3个半圆形可以拼成如图21所示的图形，看上去像个肥大的逗号。请试着用1条曲线将1个大逗号分成一模一样的2份。

图20　　　　　　　　　　图21

有兴趣的话，再试着将图中所画的2个大逗号拼成1个圆形。

7. 变脸的正方体

图22中的左图是1个硬纸壳做成的正方体。拿一把剪刀，把这个正方体沿着侧边切开，然后展开平铺在桌上，要求是保证正方体的6个侧面相连。

图 22

图22中右面的3个小图就是不同的方法切开后展开的效果。事实上把1个正方体展开成为平面图形的方法不少于10个，你能把它全部做出来吗？

8. 三角形拼正方形

在图23中，左边是2个正方形，其中较大的1个是由4个直角三角形组成的。请用这4个三角形和1个正方形拼成1个大正方形。

图 23

也许你已经注意到，这4个直角三角形的尺寸是一样的，它们的1条直角边比另1条直角边长1倍。如果给你5个这样的直角三角形，并允许你把其中的1个剪成两半，你能把它们拼成1个正方形吗？

揭秘：你的答案正确吗

1. ☆7头小猪

像图24中那样，画3条线，就可以分别隔开7头小肥猪了。

2. ☆T形的土地

用5个一样的正方形拼成一块"T"形的土地，再把它分成4等份，按图25的办法分就可以了。

图 24

图 25

3. ☆名贵木板

木匠把这2块木板按照图26左边小图的方法分别割开，2块木板就变成了8个部分。然后像右边小图所示的那样，他把其中的4个小块粘在一起，拼成1个圆形，又把4个大块拼成1个大环形，恰好粘在圆形外侧，一个漂亮的圆桌面就做好了。

图 26

4. ☆表盘

表盘上有12个数字，总和是1+2+3+…+12=78。分成6个部分，每部分的数字之和应该是78÷6=13。算到这里，我想你差不多已经想出办法来了。对照图27，看看你得出的结论对不对。

5. ☆巧笔分月牙儿

用2条直线把月牙儿分成6份，图28给出的答案和你想的一样吗？

图27   图28

6. ☆逗号拼圆形

图29左边的小图是第一个问题的答案，一条曲线把它分成了一模一样的两个部分。第二个题目的解法是，把两个大逗号一正一反拼在一起，恰好拼成一个圆形，如果把其中的一个逗号涂成黑色，拼好后看看有点像太极图案。

图29

7. ☆变脸的正方体

把一个立方体沿侧边剪开的方法一共有10种，图30是展开后的10种图案，其中小图（a）和（e）是可以翻转方向的，因此图案的总数应该是12种。

　　（a）　　　　　（b）　　　　（c）　　　　（d）　　　　（e）　　　　　（f）

　　（g）　　　　　（h）　　　　（i）　　　　　　（j）

图30

8. ☆三角形拼正方形

如图31中小图（a）所示，可以将题中的4个三角形和1个小正方形拼成一个大的正方形。图31小图（b）的大正方形是第2个题目的答案，大正方形正中的小正方形是按题目要求将一个三角形剪成两半得到的，剪法如图31的小图（c）。

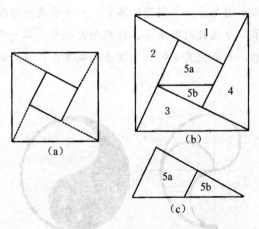

图31

第三章

正方形的智慧

1. 保护橡树

这是一个正方形水池，有4棵老橡树栽在四角的位置上。

主人想把水池的面积扩大1倍，问题是橡树紧靠着水池边。

主人不想移动这几棵老树，因此一筹莫展。

请你想一个好办法，使水池面积扩大1倍，同时保证水池的形状仍是正方形，4棵老橡树也要原地不动地守在岸边。

图 32

2. 4 条边相等

一位木工要锯一批正方形的木块，怎样判断自己锯出的是正方形呢？他的方法很简单，那就是比较木块的4条边，他认为只要4条边长度相等，就证明木块是正方形的了。你觉得靠谱吗？

3. 对角线相等

上一位木工的同伴采用的方法是量对角线。他认为如果木块的2条对角线长度相等，那么就确定是正方形无疑了。你对这个标准怎么看？

4. 平均分 4 块

还有一位木工选用了不同的标准，他将木块被 2 条对角线分成 4 个部分进行对比，如果这 4 个部分完全相等，就认为锯出的是正方形（图 33）。你认为呢？

图 33

5. 对角线折叠

一位女裁缝剪方块布，她把剪下的四边形的布沿 1 条对角线对折，如果边缘恰好重合，她就认为自己剪下的布是正方形了。你觉得这个办法可行吗？

6. 折叠 2 次

另一位女裁缝认为前面那位的办法不够准确，她选择把自己剪下的四方布按 2 条对角线分别对折，如果 2 次折叠时每个边缘都恰好重合，她就认定是正方形。你认可她的方法吗？

7. 改成正方形

年轻的木工师傅接到一个新任务，把一块木板改成正方形。

这块木板的形状看上去像是由一个正方形和一个三角形组成的（图 34），客户的要求是把它改成正方形，并且木板要恰好够用，不能增减。

年轻的木工师傅仔细观察了这块木板，锯开是必然的，但他对自己有一个要求，那就是最多锯 2 条直线。

他真的能做到吗？如果他做到了，你认为他是怎样锯的呢？

图 34

揭秘：你的答案正确吗

1. ☆保护橡树

按照图35所示的那样，使4棵老橡树位于新水池4条边的中间。你可以在图纸上把旧水池的对角线画出来，然后数一下新水池内一共有几个三角形。

图35

你会发现，挖好后的水池，比原来的水池恰好扩大了1倍。而且原有的4棵老橡树仍在原地，水池的形状也仍旧是正方形。

2. ☆4条边相等

靠检查4条边是否一样长来判断正方形是不可行的。符合这个条件的四边形有很多，但并不一定是正方形。比如图36中所示的2个菱形，它们是四边形，4条边也相等，但4个角不是直角，因此不是正方形。

图36

3. ☆对角线相等

这种标准并不比前面一种好。所有的正方形对角线都等长，对角线等长的却不一定是正方形（图37）。

其实，如果将上面一题的方法和本题的方法结合起来用，就万无一失了。即使是4条边相等的菱形，如果使它的2条对角线相等，那它也一定会成为正方形。

4. ☆平均分4块

这位木工的标准也站不住脚。他想出的办法并不能证明四边形的4个角是否是直角，只能证明4条边相等，并且对角线在中心相交。图38给出的图形完全符合他的标准，却不是正方形。

图 37   图 38

5. ☆对角线折叠

这位女裁缝的办法除了能检验她的方布是否轴对称，没有别的作用。比如图39中所画出的几个四边形，都能满足她的标准，沿1条对角线折叠时，边缘恰好都能重合，却无一是正方形。

图 39

6. ☆折叠2次

这位女裁缝的方法也并不好。你可以用纸剪出很多满足她的标准的四边形，但如果角不是直角，也不会是正方形。比如图40中所示的菱形，它对折2次，边缘都能重合，但四角不是直角，因此是不合格品。

如果这位女裁缝同时检查一下2条对角线是否一样长，或者检查一下相邻两角的大小是否一样，就会十分准确了。

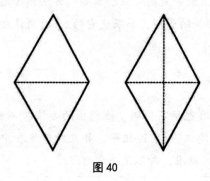

图 40

7. ☆改成正方形

按图41左图所示，在木板的de边上取中点，连接顶点c，画第一条直线，再从该中点向顶点a画第二条直线。沿这两条线将木板锯成3个部分，最后按图41右图所示拼合成一个正方形。

图 41

第四章

劳动中的数学

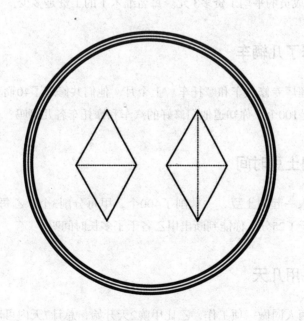

1. 挖沟工人

5名工人用5小时挖了一道长5米的壕沟，现在有一个新任务，就是用100小时的时间挖一道长100米的壕沟，需要多少名工人呢？

2. 锯木料

将圆木料横向锯断一次需要$1\frac{1}{2}$分，把一根5米长的圆木料锯成1米长的木段，需要几分？

3. 木工的工资

6名粗木工和1名细木工一起工作，粗木工每人得到20元工资，细木工每人比7个成员的平均工资多3元。每名细木工的工资是多少？

4. 修了几辆车

某修理厂专修汽车和摩托车。上个月，他们共修理了40辆车，这些车的车轮数是100个。你知道他们修好的汽车和摩托车各几辆吗？

5. 削土豆时间

两个人一起削土豆，一共削了400个，甲每分削3个，乙每分削2个，乙比甲多干了25分。你能判断出甲乙各干了多长时间吗？

6. 各用几天

甲乙两人同做一项工作，乙比甲晚2天开始，总计7天内可以完成。现在要求每个人单独来完成这项工作，结果甲比乙多用了4天，请问甲乙两人分别用了几天时间？这道题目仅用算术的方法就能解答出来，甚至不用分数也可以解答出来，你能试试吗？

7. 新手与老手

某公司有两位打字员。现在有一份报告要打，有经验的打字员需要2小时，新来的打字员需要3小时。经理要求两个人一起做，你知道她们每人要花多少时间才能以最快的速度共同完成这个任务吗？

按照常理，这类的题目要首先分别用每个人每小时完成的工作量除以工作总量，得出2个分数，再用这2个分数相加后的和去除以1。除此而外，你还能想出新的解答方法吗？

8. 称面粉

粮店的经理要称5袋面粉的重量，粮店有秤，但秤砣不够，导致50至100千克之间的重量都没办法称，而这5袋面粉的重量却都在50至60千克之间。聪明的经理很快想出了办法。他把这5袋面粉两两一组，按照10种不同的组合方式，每次称1组，并把称出的10个数据按照从小到大的顺序排列出来：110千克、112千克、113千克、114千克、115千克、116千克、117千克、118千克、120千克、121千克，你能从这10个数中判断出这5袋面粉各重多少千克吗？

揭秘：你的答案正确吗

1. ☆挖沟工人

如果你觉得，5名工人5小时内挖了5米， 100小时挖100米就需要100名工人，那你就掉进陷阱了。这个结论是完全错误的。事实上只需要这5名工人就够了。你看，5名工人5小时挖5米，那么5名工人的速度就是1小时挖1米，那么他们挖100小时正好挖了100米。

2. ☆锯木料

人们通常会这么想：锯1段木头要 $1\frac{1}{2}$ 分，那么锯5段木头肯定要用 $1\frac{1}{2} \times 5 = 7.5$ 分。这是不对的。其实把一根圆木料锯成5段只需要锯4次，所用的时间是 $1\frac{1}{2} \times 4 = 6$ 分。

3. ☆木工的工资

如果我们把1名细木工多出的3元平均分配给6名粗木工，则每人5角。因此，每位粗木工的工资就变成了20元5角，这就是每个人的平均工资。根据题意，我们可以知道，细木工的工资是平均工资加3元，也就是23元5角。

4. ☆修了几辆车

假设40辆都是摩托车，那么就有80个车轮，显然比实际数字少20个。如果其中有1辆汽车，车轮数就会增加2个，以此类推，当其中有10辆汽车时，车轮数才能刚刚好。所以40辆车中，有10辆汽车、30辆摩托车。车轮数是 $10 \times 4 + 30 \times 2 = 100$。

5. ☆削土豆时间

乙多干了25分，这段时间他削出了 $2 \times 25 = 50$ 个土豆，因此甲乙共同削出的土豆是400-50=350个。甲乙两人每分钟能削2+3=5个土豆，他们共同工作的时间就是350÷5=70分。可见甲干了70分，乙干了70+25=95分。我们验算一下，3×70+2×95恰好等于400。

6. ☆各用几天

单独完成全部工作，甲比乙多用4天，假设每人各完成一半，则甲比乙多用2天。根据题意，两人共同完成全部工作，共用7天，其中乙比甲少用2天。通过我们前面的分析可知，甲在这7天内恰好完成了全部工作的一半，而乙用了5天的时间完成了另一半。显然，甲独立完成全部工作需要14天，乙需要10天。

7. ☆新手与老手

我们用不同于平常思路的方法来解答这个问题。

可以确定的是，想要用最短的时间完成这项工作，首先要保证两个人必须始终处于工作状态，同时开始，同时完成，其间没有人停工。那么要如何分配才能保证两个人同时完成呢？

由于有经验的打字员的速度是新打字员的$1\frac{1}{2}$倍，因此她要承担的工作份额也要是对方的$1\frac{1}{2}$倍，只有这样才能保证她们同时完成任务。于是工作的分配方案就应该是这样的：有经验的打字员负责全部任务的$\frac{3}{5}$，新打字员负责全部任务的$\frac{2}{5}$。

然后我们再来看时间问题。有经验的打字员完成全部工作需要2小时，那么完成全部工作的$\frac{3}{5}$就需要$2×\frac{3}{5}=1\frac{1}{5}$小时，即1小时12分，新打字员也要用同样的时间。

因此两个人合作完成这项工作最少要用1小时12分。

8. ☆称面粉

我们先求出经理称出的这10个数字之和，即1 156千克。因为在这10种组合的过程中，每袋面粉都被称了4次，所以这1 156千克，就是5袋面粉总重的4倍。把1 156千克除以4，可以得到5袋面粉的总重量289千克。

我们把5袋面粉按重量从小到大的顺序分别标号为1、2、3、4、5。不难看出，在110、112、113、114、115、116、117、118、120、121这10个数字中，110是1号和2号这两袋最轻的面粉的总重，112是1号和3号的总重，倒数第2个数字120是3号和5号的总重，最后的121是4号和5号这两袋最重的面粉的总重。把它们排列出来：

1号+2号	110千克
1号+3号	112千克
3号+5号	120千克
4号+5号	121千克

很显然，1、2、4、5这4袋面粉的总重是110＋121=231千克，从5袋面粉的总重中减掉这个数字，可以得到3号面粉的重量为58千克。因为1号和3号总重112千克，从中减掉3号面粉的重量，可以得到1号面粉的重量为112−58=54千克。

同样的，可以得到2号面粉的重量为110−54=56千克；

5号面粉的重量为120−58=62千克；

4号面粉的重量为121−62=59千克。

你瞧，我们连方程式都没有使用，就顺利地分辨出了5袋面粉的重量，它们分别是：54千克，56千克，58千克，59千克，62千克。

第五章

买东西算价钱

1.1 打柠檬

买3打柠檬所用的钱数，刚好和用16元钱所能买到的柠檬个数相等，你知道买1打柠檬要用多少钱吗？

2. 各多少钱

有个人在商场里花140元买了一件斗篷、一顶帽子和一双套鞋，帽子比斗篷便宜90元，而帽子和斗篷加起来比套鞋贵120元。不准使用方程式，只准用心算，你能知道这3件商品各多少钱吗？

3. 出门购物

在出去购物之前，我的钱包里有1元面值的钞票和2角面值的硬币一共大约15元。购物归来后，钱包里剩下的钱是我出去之前的 $\frac{1}{3}$ 。其中，2角面值的硬币数和出去前1元面值的钞票数一样，1元面值的钞票数和出去前2角面值的硬币数一样。你知道我购物用了多少钱吗？

4. 买水果

有位顾客在水果店里花50元钱买了西瓜、苹果和李子，一共100个。其中，西瓜5元1个，苹果1元1个，李子1元10个。请你想一想，这位顾客每种水果各买了多少个？

5. 最低价

一件商品，店主人先将它的价格提高了 $\frac{1}{10}$ ，几天后又降低了 $\frac{1}{10}$ 。请你判断一下，这件商品的价格什么时候最低？是涨价前？还是降价后？

6. 最后 1 桶

商店里运进了6大桶格瓦斯（一种用面包干发酵成的饮料），在图42中可以看到，每个桶上都标注着桶内格瓦斯的容量（升）。

图 42

次日，商店里来了2位顾客，第1位买走了2桶格瓦斯，第2位买了3桶。从总量来说，第1位买的是第2位的一半。在他们购买的过程中，没有木桶被打开。他们走后，库房中只剩下了1桶格瓦斯。你认为是哪一桶？

7. 几个鸡蛋

这道有趣的题目来自于民间，初读起来，觉得有些不可理喻，哪有卖半个鸡蛋的？但仔细推敲才会发现，这道题是完全可以解答出来的。

有一位农妇拿了自家的鸡蛋到市场上叫卖，一共有三位顾客前来购买。第一位买走了她全部鸡蛋数量的一半再加半个鸡蛋，第二位买走了其余鸡蛋的一半再加半个鸡蛋，第三位买走了她的最后一个鸡蛋。她的鸡蛋就这样卖完了。

想一想，她从家里出来的时候带了几个鸡蛋？

8. 30 个阿尔登

1942年，俄国大诗人贝涅吉克托夫的一部手稿被发现，这本没有印行的文集，就是第一部俄文数学动脑筋题目文集。

我曾有幸目睹了这份手稿，并判断出其中的一个题目写于1869年（手稿中未注明）。下面我为大家介绍一道诗人以小说的形式写成的题目，是从该文集中摘录的，题目为"怪题巧解"。

三个女孩要去市场卖鸡蛋。临行前，母亲拿出90个鸡蛋，分给大女儿10个，二女儿30个，小女儿50个。

母亲叮嘱她们，商量好售价后，三个人必须坚持以同样的价格出售，并且希望最聪明的大女儿把她的10个鸡蛋卖回的价钱与二女儿的30个鸡蛋卖回的价钱同样多，同时还要求大女儿教会二女儿把30个鸡蛋卖回的价钱与小女儿的50个鸡蛋卖回的价钱同样多。

母亲说："你们的售价要相同，卖回的钱也要一样多。我希望这90个鸡蛋出售时，每10个蛋不要低于10分，全部的价格不要低于90分，或者说不要低于30阿尔登（1阿尔登=3分）。"

就暂时说到这里吧，剩下的时间，我希望你能好好地思考一下，这三位姑娘是怎样完成这项任务的？

揭秘：你的答案正确吗

1. ☆1打柠檬

1打柠檬为12只，3打柠檬就是36只。根据题意，36只柠檬的钱数与16元钱所买到的柠檬个数一样。我们来列一下算式：

36只柠檬的价格=36×每只柠檬的价格

$$16元钱能买到的柠檬=\frac{16}{每只柠檬的价格}$$

由此可推出：$36×每只柠檬的价格=\frac{16}{每只柠檬的价格}$

如果将上式等号右边的分母去掉，那么左边部分将增加的倍数就相当于每只柠檬的价格数，即36×每只价格×每只价格=16。

如果将这个等式等号左边的36去掉，那么右边就要减少到$\frac{16}{36}$，即每只价格×每只价格=$\frac{16}{36}$。

用这个等式可以计算出，每只柠檬的价格是$\frac{4}{6}=\frac{2}{3}$元，一打柠檬的价格为$12×\frac{2}{3}=8$元。

2. ☆各多少钱

帽子和斗篷加起来比套鞋贵120元，假设买的是2双套鞋，那么钱数肯定比140元少120元，140-120=20元。所以每双套鞋的价格就是10元。

斗篷和帽子的价格之和是140-10=130元，而帽子比斗篷便宜90元。假设买的不是帽子和斗篷，而是2顶帽子，那么钱数肯定比130元少90元，130-90=40元。所以每顶帽子的价格就是20元。

答案已经出来了。套鞋10元，帽子20元，斗篷110元。

3.☆出门购物

我们用方程法来解这道题。首先设出发前钱包内的1元面值钞票数为x，2角面值的硬币数为y。则：

出发前总钱数=$100x+20y$ 分

回来后剩下的钱数=$100y+20x$ 分

根据题意将上面二式合并为：$3（100y+20x）=100x+20y$

对上式进行简化后得出：$x=7y$

我们假设$y=1$，那么$x=7$。可求出，出发前钱包内的钱数为7元2角，这不符合题目中所说的"约15元"，因此这个假设是错误的。

假设$y=2$，那么$x=14$。可求出，出发前钱包内的钱数为14元4角，这与题目内容相符，因此这个假设是正确的。

再假设$y=3$，那么$x=21$。可求出，出发前钱包内的钱数为21元6角，这严重超出了题目中的钱数。

可见，出发前钱包里的钱数是14元4角，即14张1元的钞票和2枚2角的硬币。回来后钱包里剩下2张1元的钞票和14枚2角的硬币，即200+280=480 分，恰好是出发前的$\frac{1}{3}$。

买东西花掉的钱数是1 440−480=960 分，即9元6角钱。

4.☆买水果

这道题看起来令人觉得一知半解，但答案是明确的：

种类	个数	价钱
西瓜	1	5元
苹果	39	39元
李子	60	6元
共计	100	50元

5.☆最低价

千万不要认为涨价前和降价后的价钱是一样的。假设原价为1，那么涨价后，价格变成原来的110%，也就是变成了1.1。降价后，价格变成了

1.1×90%=0.99，这相当于原价的99%。可见降价后，这件商品比涨价前便宜。

6. ☆最后1桶

15＋18=33，16＋19＋31=66。第1位顾客买的2桶格瓦斯分别为15升桶和18升桶，第2位顾客买的3桶格瓦斯分别为16升桶、19升桶和31升桶。第1位买的总量恰好是第2位的一半。店里剩下的1桶是20升的。试着多尝试几个组合，你会发现这是唯一的答案。

7. ☆几个鸡蛋

我们来倒着解这道题。第3位顾客买走了最后一个鸡蛋，在这之前，第2位买走的是剩余的一半加半个鸡蛋。可见，第1位顾客买完之后，农妇手里剩下的鸡蛋的一半，就是 $1\frac{1}{2}$ 个鸡蛋。也就是说，第1位顾客走后，农妇手里还剩3个鸡蛋。用这3个鸡蛋加上第1位顾客多买走的半个，就是农妇来时所带的鸡蛋总数的一半。

可见，农妇从家里出来的时候一共带了7个鸡蛋。可以验算一下这个结论：

$7÷2=3\frac{1}{2}$ ，$3\frac{1}{2}+\frac{1}{2}=4$；$7-4=3$
$3÷2=1\frac{1}{2}$ ，$1\frac{1}{2}+\frac{1}{2}=2$；$3-2=1$

这与题目是一致的。

8. ☆30个阿尔登

我把贝涅吉克托夫所写的这个数学题目的后半部分讲给你听：

母亲提出的要求让三位姑娘很伤脑筋，她们在路上一直商量着。两个妹妹想不出什么好主意，就请大姐决定。

大姐提出："以前我们卖鸡蛋都是10个一份，这次咱们改成7个一份。我们给每一份定个价钱，像妈妈说的那样，1分钱都不让步。每一份就卖1个阿尔登（3分），你们说怎么样？"

二妹说："这价格也太低了！"

大姐继续说："不会的。我们把鸡蛋7个一份卖完后，剩下的可以提高价钱。你们发现了吗？今天市场上只有我们卖鸡蛋，所以不会有人抢我们的生意。如果有人急用鸡蛋，那我们剩下的这几个就成了宝贝，价格肯定要上涨的。这样，我们一份一份卖鸡蛋时少赚的钱，就可以用剩下的几个鸡蛋赚回来了。"

"那剩下的鸡蛋卖多少钱？"

"剩下的鸡蛋一个一个地卖，每个鸡蛋卖3个阿尔登，就这个价，坚决不降，急用的买主是肯出这个价钱的。"

"这好像又太贵了。"二姑娘又表示担忧了。

"贵又怎样呢？我们7个一份的鸡蛋卖得也太便宜啊，这样就抵消了。"

"好吧。"两个妹妹同意了。

到了市场，三个姑娘分别找位置坐下，开始卖鸡蛋，7个一份，每份1个阿尔登。鸡蛋这么便宜，市场上的人一哄而上。一会儿的工夫，三妹的50个鸡蛋就卖出去7份，得到7个阿尔登，她只剩下1个鸡蛋了。二妹卖了4份，得到4个阿尔登，还剩下2个鸡蛋。大姐卖了1份，得到了1个阿尔登，还剩下3个鸡蛋。

这时，一位女厨师匆匆赶到了市场上。今天，她的主人家的几个儿子回家探亲，主人吩咐她多做几道孩子们喜欢的菜。这家的孩子们最喜欢吃的就是煎鸡蛋，因此她的任务是买10个鸡蛋回去。

这位女厨师在市场上转啊转，可市场上只有6个鸡蛋了，它们来自三个摊位。你可以知道，这是三姐妹的摊位，她们现在一共剩下6个鸡蛋。

女厨师首先来到一个摊位前，想买她的3个鸡蛋。"多少钱？"女厨师问。"3个阿尔登1个。"卖鸡蛋的姑娘回答说。

"什么，这么贵？"女厨师惊呆了。那位姑娘说："就只有这几个了，少1分钱也不卖，您随便吧。"

女厨师转身跑到另一个摊位前，想买她的2个鸡蛋。"多少钱？"女厨师问。"3个阿尔登1个。不议价，只有这2个了，都卖光了。"卖鸡蛋的姑娘回答。

女厨师又来到第三个摊位面前，问："你这个鸡蛋卖多少钱？""3

个阿尔登。只有这1个了。"

女厨师叹了口气，没有其他人卖鸡蛋了，没办法，必须买回去："就这样吧，都给我吧，把你们剩下的鸡蛋都给我。"

她付给大姐9个阿尔登，付给二妹6个阿尔登，付给小妹3个阿尔登，买走了她们筐子里仅剩的6个鸡蛋。

我们来计算一下姑娘们的收入。大姐的收入一共是10个阿尔登。二妹的两个鸡蛋卖了6个阿尔登，连同前面4份鸡蛋卖的4个阿尔登，一共也是10个阿尔登。小妹的最后一个鸡蛋卖了3个阿尔登，加上前面7份鸡蛋卖的7个阿尔登，同样是10个阿尔登。

回家后，姐妹三个每人交给母亲10个阿尔登，并且详细地为妈妈讲了全部的过程，让母亲了解她们怎样按妈妈的要求，把10个鸡蛋、30个鸡蛋和50个鸡蛋卖出了同样的价钱。

母亲非常赞赏自己的几个女儿，尤其为大女儿的聪慧感到自豪。当然，最使她高兴的事情还是在于，女儿们商议出的鸡蛋价格很高，平均下来，每10个鸡蛋都卖出了10分，这30个阿尔登（90分）与她的期待完全一样。

第六章

称重与平衡

1. 100 万

有一件物品，它的重量是89.4克。提一个需要心算的问题：如果这种物品有100万件，总重量是多少？

2. 空罐子

有一罐蜂蜜的总重量是500克，如果用一个同样的罐子装满煤油，总重量是350克。现在，我们知道煤油的重量是蜂蜜的一半，请你说一说，一个空罐子的重量是多少？

3. 变粗的圆木

有一段重30千克的圆木，现在我们假设它的长度变成原来的一半，粗度变成原来的2倍，那么它的重量会变成多少？

4. 水中的天平

一架普通的天平，一边的秤盘上放着重2千克的铁砝码，另一边的秤盘上放着重2千克的圆石。如果我们把天平浸到水里，天平还能保持平衡吗？

5. 还能平衡吗

将100千克铁钉放在一架十倍制天平（砝码可与10倍于其重量的物品平衡的天平）的一个秤盘里，另一个秤盘里放入可以使天平平衡的铁砝码。如果此时把天平放入水中，使它低于水平面，它还能像原来一样保持平衡吗？

6. 肥皂的重量

图43是一架处于平衡状态的天平，正如你看到的那样，它左边的秤盘

上放着一块肥皂，右边的秤盘上放了 $\frac{3}{4}$ 块同样的肥皂和一个 $\frac{3}{4}$ 千克重的铁砝码。请用心算的办法计算出左边那块肥皂的重量。

图 43

7. 猫的体重

图44分为上下两部分，各有7只猫。上面的小图显示，4只大猫和3只小猫的体重总计为15千克。下面的小图显示，3只大猫和4只小猫的体重总计为13千克。如果大猫的体重都是一样的，小猫的体重也是一样的，你能心算出每只大猫和每只小猫的体重吗？

图 44

8. 与贝壳等重

图45中是一架处于平衡状态的天平，左边的秤盘上放有3个刻着字母的立方体和1个贝壳，右边的秤盘上是12颗玻璃珠。天平下面的2个秤盘提示我们：1个贝壳的重量与1个字母立方体和8颗玻璃珠的总重相等。最下面的两个秤盘就是题目了：请问，要在右边的秤盘上放几颗玻璃珠，才能与左边秤盘上的1个贝壳等重？

图 45

9. 几个桃子

这道题和上题属于同一类型。如图46左边的小图所示，3个苹果加1个梨的总重与10个桃子的总重相等。6个桃子和1个苹果的总重与1个梨的重量相等。右面的小图中，天平右边的秤盘里放着1个梨，试着思考一下，要在左边的秤盘里放几个桃子，才能使天平平衡？

图 46

10. 杯子与瓶子

在图47中，我们可以判断出：1个瓶子和1个杯子的总质量与1个罐子的重量相等；1个瓶子的质量与1个杯子和1个碟子的总质量相等；2个罐子的总质量与3个碟子的总质量相等。题目是：画问号的秤盘里应该放几个杯子，才能与旁边秤盘里的1个瓶子的质量相等？

图 47

11. 分装砂糖

百货店的店员按照要求将总重2千克的砂糖分装成每包200克的小袋。如图48所示的那样，除了2千克砂糖和1架天平，他只有1个重500克的砝码和1把重900克的铁锤。

如果你是店员，该怎样利用现有的这些东西把砂糖分装成10小袋呢？

图 48

12. 贪婪的技师

古代统治者海伦曾给著名的数学大师阿基米德提出过一道与称量有关的数学题。据说，海伦命令技师为自己造了一座雕像，并且为这座雕像制造一顶皇冠。为此，海伦特意给了技师足够制造皇冠的金银。皇冠做好后，下人对它进行了称量，结果证明皇冠的重量与发给技师的金银重量相同，海伦很高兴。

可是没过多久，就有人偷偷向海伦告密，说技师用银换走一部分金，私藏了起来。为了证实技师究竟是否贪污，海伦请来了阿基米德，请他对皇冠进行鉴定，判断其中金和银的重量。

阿基米德顺利地解答了这个题目，使贪污的技师受到了处罚。他的判断依据是：纯金在水中要失重 $\frac{1}{20}$，而纯银在水中则失重 $\frac{1}{10}$。

假如你有兴趣看看自己能否解出这种题目，我可以多告诉你一些细节：海伦发给技师8千克金和2千克银，但阿基米德称出的皇冠在水中的重量不是10千克，而是 $9\frac{1}{4}$ 千克。假设这个皇冠是实心的，请你判断一下，技师贪污了多少黄金？

揭秘：你的答案正确吗

1. ☆100万

做出这个题目，需要把89.4克乘以100万，也就是乘以1 000个1 000。我们分两步来考虑：

89.4×1 000=89.4千克 （1 000克=1千克）

89.4×1 000=89.4吨 （1 000千克=1吨）

现在结果已经心算出来了：100万件物品总重量是89.4吨。

2. ☆空罐子

根据题目可知，蜂蜜的重量等于煤油的2倍。因此我们可以判断出，一罐蜂蜜和一罐煤油之间的重量之差（500-350=150克）就是罐子里面煤油的重量，那么罐子的重量是350-150=200克。我们可以来验算一下：500-200=300克，300克是蜂蜜的重量，恰好是煤油的2倍。

3. ☆变粗的圆木

我们常常会这么想：粗度变成原来的2倍，长度是原来的一半，重量应该不变。这个结论下得太匆忙了。事实上，当圆木的直径变成原来的2倍时，其体积就变成了原来的4倍；而它的长度变成了原来的$\frac{1}{2}$，其体积却只会减少$\frac{1}{2}$。所以，变短变粗后的圆木重量，应该是原来的2倍，也就是60千克。

4. ☆水中的天平

浸在水中的物体会变轻，而减少的重量与被它排开的水的重量相等，这是阿基米德定律中所表达的含义。以此为基础，解答这个题目就非常简单了。

圆石与铁砝码的重量虽然一样，但由于石材的密度比铁小，因此圆石的体积比铁砝码要大。当天平浸入水中时，体积大的圆石排开的水要比铁砝码排开的水多，那么圆石在水中减少的重量也要比铁砝码减少的多。所以此时天平就无法保持平衡了，会向铁砝码的一侧倾斜。

5. ☆还能平衡吗

实心的铁制品浸入水中会减少原重的 $\frac{1}{8}$（这个数字原题中并未给出，这是因为无论这个数字是多少，都不会影响解题），因此，铁砝码入水后，重量会变成原来的 $\frac{7}{8}$。铁钉的材质与铁砝码一样，因此它入水后的重量也是原来的 $\frac{7}{8}$。根据题意，我们知道铁钉的实际重量是铁砝码的10倍，那么入水后，它的重量还是铁砝码的10倍。因此把这架十倍制天平浸入水中，它依旧可以保持平衡。

6. ☆肥皂的重量

$\frac{3}{4}$ 块肥皂的重量加 $\frac{3}{4}$ 千克等于1块肥皂的重量。而1块肥皂也等于 $\frac{3}{4}$ 块肥皂加 $\frac{1}{4}$ 块肥皂。由此可以推出，$\frac{1}{4}$ 块肥皂的重量是 $\frac{3}{4}$ 千克。那么，1块肥皂的重量就应该是 $\frac{3}{4}$×4=3千克。

7. ☆猫的体重

假设把1只大猫与1只小猫互换，总重就会相差15-13=2千克。由此可知，1只大猫比1只小猫重2千克。如果我们把第一次称重时的4只大猫全部换成小猫，参与称重的就变成了4+3=7只小猫，而总重也会减少2×4=8千克，那么7只小猫的总重就是15-8=7千克。可见：每只小猫重7÷7=1千克，每只大猫重1+2=3千克。

8. ☆与贝壳等重

根据题意，我们把天平左边的1个贝壳用1个立方体和8颗玻璃珠代替。你会发现：4个立方体＋8颗玻璃珠=12颗玻璃珠。如果我们从天平两边各拿走8颗玻璃珠，当然不会影响平衡，但会有新发现：4个立方体=4颗玻璃珠。可见：1个立方体=1颗玻璃珠。

但贝壳的重量是多少呢？还是根据题目中"1个贝壳的重量与1个字母立方体和8颗玻璃珠子的总重相等"这个提示，把其中的1个立方体换成1颗玻璃珠，可推出：1个贝壳=9个玻璃珠。

如果你按照我们得出的这个结论，把天平左边的3个立方体和1个贝壳全部换成相应数量的玻璃珠，就会发现左边的秤盘中变成了3+9=12颗玻璃珠，与右边一样。我们的结论是正确的。

9. ☆几个桃子

根据题意：3个苹果+1个梨=10个桃子；6个桃子+1个苹果=1个梨。可知：4个苹果+6个桃子=10个桃子。此时从两边各取走6个桃子，则可以发现：4个苹果=4个桃子。因此，1个苹果与1个桃子的重量相等。答案是：1个梨的重量等于7个桃子的重量。

10. ☆杯子与瓶子

这个题目有不止一种解法，我们只探讨其中的一种。

根据题目可知：1个罐子=1个瓶子+1个杯子；1个瓶子=1个杯子+1个碟子；2个罐子=3个碟子。

如果我们在严格遵守这三种等量关系的前提下，把杯子、盘子、碟子进行一下互换，并不会影响天平的平衡。

由第一、三个条件可知：2个瓶子+2个杯子=3个碟子

再结合第二个条件可知：4个杯子+2个碟子=3个碟子

将两边各取走2个碟子，可以得到结论：4个杯子=1个碟子

将这个结论与题目中的第二个条件相结合，我们可以得出这个题目的答案：画问号的秤盘里应该放5个杯子。

11. ☆分装砂糖

先把铁锤放在左边秤盘内，右边秤盘中放入那个砝码，再添加足够的砂糖，使天平平衡。很显然，这些砂糖的重量是900-500=400克。重复同样的工作3次，剩下的砂糖重量是2000-（4×400）=400克，现在我们成

功地把2千克砂糖分成了5等份。最后将每份平均分成2等份，这可以不需要砝码，只要把每份400克砂糖分别倒在天平的两个秤盘上，当天平平衡时，每个秤盘上恰好就有200克砂糖。这样就把2千克砂糖分成了10份。

12. ☆贪婪的技师

如果皇冠是纯金的，那么它在水外的重量是10千克，在水中的重量就要减少 $\frac{1}{20}$，也就是 $\frac{1}{2}$ 千克。但阿基米德测出的皇冠在水中的重量是 $9\frac{1}{4}$ 千克，也就是说，重量减少了 $\frac{3}{4}$ 千克，不是 $\frac{1}{2}$ 千克。这是为什么呢？原因在于皇冠中有银，银在水中减少的重量不是 $\frac{1}{20}$，而是 $\frac{1}{10}$，这使皇冠在水中减少的重量多了 $\frac{1}{4}$ 千克。

假设制造皇冠的不是纯金，而是9千克金与1千克银，那么皇冠在水中的重量将比纯金时多减少 $\frac{1}{10} - \frac{1}{20} = \frac{1}{20}$ 千克。如果想使重量像测量时一样多减少 $\frac{1}{4}$ 千克，那么皇冠中银的重量就应该通过判断这 $\frac{1}{4}$ 千克中含有多少个 $\frac{1}{20}$ 千克来确定。$\frac{1}{4} \div \frac{1}{20} = 5$，所以皇冠中含有的银是5千克，金也是5千克。而海伦发给技师的是2千克银和8千克金，可见技师用3千克银替换了其中的3千克金。

第七章

表盘上的奥秘

1. 怎样写 6

如果你的一位老熟人拥有一块怀表，而且已经用了15年那么久，请你与他进行这样的对话：

"你一天看它几次？"

"20次吧。"

"那你一年要看大概6 000次，6 000×15……15年就要看它将近10万次呀！你对它一定非常了解了对吧？"

"那当然！"

"你一定非常清楚自己表盘上的细节！我想你能准确地记得那上面数字6的写法，对不对？"

然后你递给对方一份纸和笔，请他立刻写给你看……我敢肯定你会失望的，你的老熟人写出的大多与他表盘上的写法不一样。想知道这是为什么吗？

那么请你先告诉我，他是怎么写那个6的？他表盘上的6实际上是怎么写的？

2. 准点的指针

假设你有三块手表。1月1日，你特意将它们调试至同一个准确的时间。接下来你发现，只有一块表一直很准，第二块表每24小时就走慢1分，而第三块表每24小时就走快1分。如果你不再调试它们，那么它们的指针要过多久才能重新指到同一个准确的时间上呢？

3. 挂钟和闹钟

我有一个挂钟和一个闹钟，昨天我把它们的指针都调到了正确的时间。可是挂钟每小时就走慢2分，闹钟却每小时走快1分。今天，挂钟7点钟的时候停掉了，这时闹钟的指针指在8点。你知道我昨天是几点钟调整它们的吗？

4. 现在是几点

"你这么急急忙忙地要去哪里？"

"我要赶6点钟的火车。现在还有多长时间到6点？"

"从3点钟到50分钟之前所经过的时间，等同于从现在到开车时间的4倍。你自己算吧。"

我的天，这是什么回答。可是现在到底几点啊？

5. 表针的重合

正如你在图49中所看到的那样，12时整的时候，表盘上的两根指针重合在一起。其实并非只有12时整的时候才会这样，它们每天要重合好几次呢！你能说出表盘上的两根指针每天都在哪几个时间重合在一起吗？

图 49

6. 一条直线

与前面一题不同的是，我们现在要探讨两根指针摆成一条直线的问题。你知道6时的时候，像图50那样，两根指针是摆成一条直线的，那么还有什么时间会出现这种情况？

7. 距离6一样远

刚刚我看了一下自己的表，两根指针所指的位置恰好与图51所显示的

图 50

图 51

一样，它们分别指向6的两端，且与6的距离相等。你知道它所显示的时间是几点吗？

8. 分针跑得快

分针跑在时针前面，时针跑在数字"12"前面，分针超过时针的距离，与时针超过"12"的距离相等。你知道这是几点钟吗？这种情况在一天之内出现的次数是大于1还是等于1？

9. 时针比分针快

假如你学会经常仔细地观察时针与分针，很有可能发现另一种情况。这时，时针跑在分针前面，分针跑在"12"前面，而时针超过分针的距离，也恰好等于分针超过"12"的距离。这种情况又是在哪些时间出现的呢？

10. 敲 7 下用几秒

这可不是开玩笑，也不是在骗人！我很认真地问你：3点时，时钟敲了3下，用了3秒的时间；那么7点时，时钟敲了7下，用几秒的时间？

11. 断断续续的嘀嗒声

如果你有兴趣，我们做个实验吧。请把你的手表摘下来，放在桌子上，然后走开几步。当然要把门窗关好，保持安静，以便你能听清它的嘀嗒声。请你仔细听，我相信你会有个奇怪的发现，那就是手表总是走走停停，有时候能听它嘀嗒好一阵子，有时又什么声音也没有了，过了一会儿，它又嘀嗒起来……这是为什么呢？

揭秘：你的答案正确吗

1. ☆怎样写6

他们写给你的很有可能是6或9，或者Ⅵ，等等。但我敢肯定他们写给你的一定是错的，因为根本没有什么6。男用怀表的表盘上"6"的位置装的是秒针。你瞧，就算是看了超过10万次，也并不意味着真正的了解。

2. ☆准点的指针

正确的答案是720个昼夜之后。到那时，第一块表依然准确，第二块表走慢了12小时，第三块表走快了12小时，于是像1月1日你调试时一样，它们又在同一个准确的时间相遇了。

3. ☆挂钟和闹钟

根据题意可知，闹钟每小时比挂钟快3分，如果想让它比挂钟快一小时，需要20小时。20个小时之后，闹钟比正确的时间快了20分。所以答案就出来了：上一次调整钟表的时间是19小时20分之前，也就是前一天的11时40分。

4. ☆现在是几点

从3时到6时有3个小时，共计180分。从中减去50分：180-50=130，将它分成2个部分，其中的一份是另一份的4倍。这可以用分数的方法求出130的$\frac{1}{5}$，得数是26分。所以现在的时间是6时差26分。验算一下，50分之前距离6时还有26+50=76分，也可以说是3时过了180-76=104分，这个数字恰好是26的4倍。

5. ☆表针的重合

时针走1周要12小时，分针走一周只需要1个小时，所以时针的速度是

分针的 $\frac{1}{12}$。12时整时，两根指针重合；到1时的时候，时针转了 $\frac{1}{12}$ 周，指在1的位置，而分针转了1周，重新指回12。此时，仅从表盘的位置上看，分针落后于时针 $\frac{1}{12}$ 周，即走了 $\frac{11}{12}$ 周。

此时，我们忘记刚才的12时，以两指针现在的位置作为起点，过1小时再来看。1小时后，时针仍旧转了 $\frac{1}{12}$ 周，指在2的位置；而分针又转了一周，重新指回了12。这时，仅从表盘的位置上看，时针较1时的时候又走了 $\frac{1}{12}$ 周，分针仍旧没有追到时针，它此时的位置距离1小时前时针的位置，还是差 $\frac{1}{12}$ 周，还是只走出了 $\frac{11}{12}$ 周。

既然分针比时针速度快，那么在这之间它们肯定相遇过，这个相遇的时间是什么呢？这个相遇的时间，就是分针走出它落后的那个 $\frac{1}{12}$ 周的时间。这个时间肯定少于1小时，具体是多少呢？首先要看它在表盘位置上走出的 $\frac{11}{12}$ 周，是它少走的那 $\frac{1}{12}$ 周的几倍，当然答案是11。那也就是说，分针走出 $\frac{1}{12}$ 周需要 $\frac{1}{11}$ 小时，也就是 $\frac{60}{11}=5\frac{5}{11}$ 分。

此时我们可以知道12时之后，两指针第一次重合的时间是1时 $5\frac{5}{11}$ 分。接下来它们还会再次重合吗？当然会。每过1小时 $5\frac{5}{11}$ 分，它们都会重合一次。因此第二次重合是在2时 $10\frac{10}{11}$ 分，第三次是3时 $16\frac{4}{11}$ 分，依次类推。你会发现，它们一共会重合11次，第11次恰好发生在 $1\frac{1}{11}×11=12$ 小时之后，也就是下一个12时，在它们最早重合时的位置。此后，它们会不断重复我们刚刚所描述的全过程。

现在，我把这11次重合的时间为读者列在下表里：

次数	重合时间	次数	重合时间	次数	重合时间
1	1 时 $5\frac{5}{11}$ 分	5	5 时 $27\frac{3}{11}$ 分	9	9 时 $49\frac{1}{11}$ 分
2	2 时 $10\frac{10}{11}$ 分	6	6 时 $32\frac{8}{11}$ 分	10	10 时 $54\frac{6}{11}$ 分
3	3 时 $16\frac{4}{11}$ 分	7	7 时 $38\frac{2}{11}$ 分	11	12 时
4	4 时 $21\frac{9}{11}$ 分	8	8 时 $43\frac{7}{11}$ 分		

6. ☆一条直线

本题与上题是相似类型的题目。仍旧是从12时开始，此时两针重合，如果两针向互相指向相反的方向并摆成一条直线，那就需要在表盘上分针恰好走到时针前面半周。根据上题的分析，我们知道分针在1小时之内相对时针走出 $\frac{11}{12}$ 周，那么此时我们需要它相对时针走出 $\frac{1}{2}$ 周，会用多少时间呢？还是要先看它1小时走出的 $\frac{11}{12}$ 周，是我们需要它走出的这 $\frac{1}{2}$ 周的几倍。答案是 $\frac{11}{6}$。也就是说，分针想走到时针前面半周，需要的时间是 $\frac{6}{11}$ 小时。

12时之后，时针和分针会在 $\frac{6}{11}$ 小时之后，也就是 $32\frac{8}{11}$ 分之后，第一次互相指向相反方向并摆成一条直线。当然这并不是唯一的，每次重合后再过 $32\frac{8}{11}$ 分这种现象都会发生一次。根据上一题我们知道两针会在12小时内发生11次重合，那么同样的，两针成一线的情况也会出现11次：

次数	时间
1	12 时 + $32\frac{8}{11}$ 分 = 12 时 $32\frac{8}{11}$ 分
2	1 时 $5\frac{5}{11}$ 分 + $32\frac{8}{11}$ 分 = 1 时 $38\frac{2}{11}$ 分
3	2 时 $10\frac{10}{11}$ 分 + $32\frac{8}{11}$ 分 = 2 时 $43\frac{7}{11}$ 分
4	3 时 $16\frac{4}{11}$ 分 + $32\frac{8}{11}$ 分 = 3 时 $49\frac{1}{11}$ 分
…	依次类推

7. ☆距离6一样远

仍是使用与前题相同的解法。我们仍从12时两针重合时看起，当时针走出一部分时，我们假设这部分是x，这时分针走出的是$12x$。

在它们出发后的第1个小时之内，按照本题的要求，我们应该找出时针和分针所处的两个位置，使时针从原点出发的距离与分针距这一周终点之间的距离相等。用算式表示，就是使$x=1-12x$，可求出$x=\dfrac{1}{13}$周。此时我们就可以得知，当时针走出$\dfrac{1}{13}$周的时候，分针在同一时间走到$\dfrac{12}{13}$周，时间是12时$55\dfrac{5}{13}$分。这时两针距12的距离相同，因此距离6的距离也相同，当然方向是相反的。

以上是第1个小时内发生的情况。事实上第2个小时，这种位置又会出现一次。计算方法是：$1-(12x-1)=x$，或$x=2-12x$，可求出$x=\dfrac{2}{13}$周。因此两针在$1\dfrac{11}{13}$时（也就是1时$50\dfrac{10}{13}$分）的时候，再次呈现出这题目所要求的状态。

接下来是第三次，出现在时针从12走出$\dfrac{3}{13}$周时，也就是时间走到$2\dfrac{10}{13}$时的时候。按此规律向下类推，12小时内，这种情况同样会发生11次，只不过在6时之后，当这种情况再次出现时，时针和分针的原有位置会发生互换。

8. ☆分针跑得快

我们仍旧从12时开始观察，可以肯定的是1小时之内，不会有满足题意的现象出现。因为时针每小时走的距离只不过是分针的$\dfrac{1}{12}$，因此不论分针在1小时内走出多远，时针也不过是走出它的$\dfrac{1}{12}$，距离题目要求的$\dfrac{1}{2}$差得远着呢。

1小时到了，分针重新指回了12，时针指向1。此时，时针走在分针前面$\dfrac{1}{2}$周的位置。然后，第二个小时开始了，在这个小时之内，会有符合题意的情况发生吗？

　　我们来进行一个假设，假设当时针离开12走出一周的x部分的时候，这种情况会出现。那么此时，分针应走出一周的12x部分。从分针走出的距离中减去一个整周，结果应该比时针走出的距离大一倍，即$12x-1=2x$。由此可知$10x=1$，即一整周等于$10x$。

　　想要满足这一点，需要的时间是$\frac{12}{10}$个小时，或者说1小时12分。此时，分针所处的位置应该在离开"12"后$\frac{1}{5}$周的位置，相当于$\frac{60}{5}$=12分。

　　那么这道题还有其他的答案吗？当然有。在12个小时之内，会发生好几次这样的情况，我们继续研究一下。

　　当时间走到2时的时候，分针指向12，时针指向2。根据我们前面的分析，列式：$12x-2=2x$。经过推算可知，2个整周等于$10x$，即$x=\frac{1}{5}$周。这个时间是$\frac{12}{5}$时，也就是2时24分。

　　接下来你就可以自己计算了。计算完你就会发现，这种情况在12小时内会发生10次。它们分别是：

次数	时间	次数	时间
1	1 时 12 分	6	7 时 12 分
2	2 时 24 分	7	8 时 24 分
3	3 时 36 分	8	9 时 36 分
4	4 时 48 分	9	10 时 48 分
5	6 时	10	12 时

　　你或许会对答案中的6时和12时感觉有些不解。6时整的时候，分针指向12，时针指向6，分针超过时针的距离，恰好等于时针超过"12"的距离。12时的时候呢？时针离开12的距离是0，分针离开时针的距离也同样是0，或者说如果你愿意，你可以认为分针离开"12"两个0的距离。这都是无法反驳的，因此这两个位置同样是符合题意的。

9. ☆时针比分针快

　　有上面一题做基础，这道题就十分简单了。

我们延续前面的思路，用一个式子求出满足题意的第一个时间：$12x-1=\dfrac{x}{2}$。经过推算，$11\dfrac{x}{2}=1$，$x=\dfrac{2}{23}$，即时针位于$\dfrac{2}{23}$周的位置上，而此时分针应该走过$1\dfrac{1}{23}$周，指在$\dfrac{2}{23}$时的位置上，这个位置正好是一整周的$\dfrac{1}{23}$。因此，满足题意的第一个时间是12时之后的$1\dfrac{1}{23}$个小时，即1时$21\dfrac{4}{23}$分。

第二次满足题意的时间，可用公式为：$12x-2=\dfrac{x}{2}$。经过推算，$11\dfrac{1}{2}x=2$，$x=\dfrac{4}{23}$。用同样的方法判断，可知时间是2时$5\dfrac{5}{23}$分。

第三次的时间是3时$7\dfrac{19}{23}$分。

其他各次你应该能够按规律计算出来了。

10. ☆敲7下用几秒

你会不会回答说时钟敲7下要花7秒时间呢？我得先告诉你这是不对的。时钟每敲2次之间都有1个时距，因此敲3次就会有2个时距。既然敲3下用了3秒，那么每个时距用的时间就是$1\dfrac{1}{2}$秒。敲7下呢？有6个时距，要花的时间当然是9秒啦！

11. ☆断断续续的嘀嗒声

不是手表出了故障，而是你的耳朵累了。当耳朵疲劳的时候，听觉会有几秒钟的"短路"现象，在这几秒钟之内，我们真的会听不到一直在听的声音。但这种疲劳几秒钟就会过去了，耳朵又像之前一样灵敏，所以就又能够听到了。可是又过了一会儿，耳朵又累了……

第八章

交通运输与行程问题

1. 往返不等时

一架飞机从A市飞到B市用了 1小时20分，从B市返回A市却飞了80分，这是怎么回事儿？

2. 同时工作的火车头

你应该见过两个火车头分别在列车的前面和后面牵引同一列火车吧？但你是否想过，在这样做的时候，各节车厢间的挂钩和缓冲器的工作状态是如何呢？你看，前面的火车头只能在挂钩拉紧的前提下带动火车前进，但这时车厢间的缓冲器就不能相互接触，所以后面的火车头无法向前推动列车。而当后面的火车头向前推动列车时，缓冲器就互相抵得很紧，但挂钩也因此松弛下来，这时前面的火车头又起不到拉动列车的作用了。你觉得，这是否说明两个火车头不能同时工作，每次只能有一个发挥作用呢？

3. 听声音算速度

当你坐在火车上时，有过想知道火车行驶速度的想法吗？当你产生这样的疑问时，你能仅凭车轮撞击铁轨的声音就得出答案吗？

4. 两列火车

这是一道心算题：两列火车同时从两个车站相向开出。第一列火车在两车相遇后1小时到达目的地，第二列火车在相遇后2小时15分到达。请你心算出第一列火车的速度是第二列火车速度的多少倍。

5. 退与进

你发现了吗？火车开动之前，总是先向后退一下。你知道原因吗？

6. 帆船比赛

两艘帆船比赛谁能用最短的时间往返24千米。第一艘以20千米/时的速度匀速往返，第二艘去时的船速是16千米/小时，返回的船速是24千米/时。人们原本认为，第二艘船在出发时落后的路程与返回时领先的路程相等，所以肯定与第一艘同时返回。但没想到，第一艘船最先回到了起点。你知道第二艘船为什么输掉了比赛吗？

7. 顺水与逆水

一艘轮船的顺水航速是20千米/时，逆水航速是15千米/时。它从N市到X市所用的时间，比回程的时间少5小时。你能知道两座城市之间的距离吗？

揭秘：你的答案正确吗

1. ☆往返不等时

这根本就是一回事，因为80分=1小时20分。只有马虎大意的读者才会上当。但令人好奇的是，上当的人还真不少呢！而且上当的大多是那些喜爱计算的人。

这是由于习惯了十进制的人们会不由自主地把1小时20分和80分看成120与80的关系，而事实上正是这种心理错觉被出题的人利用了。

2. ☆同时工作的火车头

这道题似乎很麻烦，但它并不比上一题难。前面的火车头牵引的只是列车的前半部分，后半部分全靠后面的火车头向前推。因此，车厢挂钩拉紧的现象只发生在前半部分，而后半部分的挂钩依然是松的，各车厢靠互相之间的缓冲器向前顶。

3. ☆听声音算速度

不管火车上装备有多么完善的弹簧，也无法消除行驶的过程中车轮撞击铁轨的声音。这种声音来自于车轮经过钢轨接缝处时所产生的震动（图52），并因此传播到每个车厢内。

图52

我像你一样不喜欢这种声音，而且这种震动对车厢和铁轨都不好，但利用它来计算一下火车的速度是很不错的办法。你只要仔细数出每分钟内出现这种声音的次数，再把这个数字与每根钢轨的长度相乘，就可以首先得到火车每分钟行驶的路程了。

如果你有兴趣在中途到站时走下火车，亲自用走步的方式测量一下铁轨的长度，并按每7步5米的标准进行计算的话，你大概会得出每根钢轨约长15米的结论。用这个数字，与你刚刚测量出的每分钟撞击次数相乘，再乘以60，就是火车每小时运行的米数，再除以1 000，就是火车每小时走出的千米数了。用算式表达如下：

$$火车速度（千米/时）=\frac{每分钟撞击次数\times 15\times 60}{1\ 000}$$

4. ☆两列火车

两车相遇前，快车与慢车走过的路程之比，与二者的速度之比相等。两车相遇后，快车剩余的路程，与慢车此前走过的路程相等。当然反之亦然。

也就是说，慢车在相遇后剩余的路程与其相遇前走完的路程之比，等于快慢两车的速度之比（假设为x）。

根据题意，可得出$x^2=2\frac{1}{4}$，即$x=1\frac{1}{2}$。因此快车的速度是慢车的$1\frac{1}{2}$倍。

5. ☆退与进

火车到站停止时，各车厢间的挂钩仍然紧绷着。如果再启动时直接用火车头向前拉，火车头就要拖动整列火车的重量，这负担就太大了。而如果此时列车是满的，火车头根本就拉不动。先向后退一下，是为了使挂钩松弛下来，这时再向前拉，就只需一个接一个车厢地拖动，省力多了。

你见过赶马车吗？没有赶车人是坐在马车上催马启程的，他们从来都是等车走动起来后再跳上车，就是为了减小马匹启程时的负重。

6. ☆帆船比赛

假设单程为S千米，根据题意可知$\left(\frac{S}{16}+\frac{S}{24}\right)-\frac{2S}{20}>0$，这足以解释为什么第二艘船比第一艘用的时间多。

7. ☆顺水与逆水

根据题意，我们可以计算出顺流时每千米所用时间为3分，逆流时每千米用时4分。换句话说，顺流比逆流每千米少用1分。现在去时比回时少用5小时，也就是少用了300分，可见两市之间的距离是300千米。用算式来表示：

$$\frac{300}{15}-\frac{300}{20}=20-15=5$$

第九章

出乎意料的结果

1. 豌豆项链

豌豆当然是常见的，同样常见的还有玻璃杯，你对它们的大概尺寸应该很熟悉了。我们设想一下，假如把整整一玻璃杯的豌豆粒像串项链那样一颗一颗地用线串起来，然后再把这根线拉直，大约会有多长？

2. 水多还是酒多

有两个瓶子。一个瓶子里装了1升酒，另一个瓶子里装着1升水。我们把第一个瓶子里的酒取出一匙，放进第二个瓶子，摇匀；再把第二个瓶子里的混合液体取出一匙，放进第一个瓶子。现在，思考一下，第一个瓶子里的水和第二个瓶子里的酒，哪个多？

3. 打赌

图53为我们展示了一颗骰子。它有6个表面，分别刻着1至6个点。小李和小王打赌掷骰子。小李认为连续掷4次肯定有1次掷出"1点"，也就是有1个点的那一面向上。小王却不这么想，他认为连续掷4次，或者没有1次是"1点"，也或者有1次以上出现"1点"。你认为这次打赌谁最有可能获胜？

图53

4. 暗锁的结构

1865年，有人发明了暗锁，虽然我们每个人都在用它，但对它的构造知之甚少。大多数人认为，暗锁的构造和钥匙都大同小异，但如果你对它的巧妙构造有了足够的了解，就会相信不同的锁之间的差别有多大了。

在图54中，左面的小图是暗锁的正面，锁上刻着它的发明人——美国人耶鲁（Yale）的名字，当然现在我们国家所产的暗锁已经不用这种字样了。苏联把它称为法国锁，这是一个错误的说法，它的老家在美国。

图 54

我们可以看到，锁孔周围的圆筒是锁轴的外表面，打开锁的关键就是转动锁轴。但仔细观察一下右面的小图，我们就会发现，想要转动锁轴可不是简单的事情，因为它被5根钢销子牢牢地锁住，无法转动。

应对的办法是，将每根销子都锯成两段，当销子切口全部位于锁轴边缘时，才能转动锁轴，钥匙的作用就在于此。它有与销子切口相对应的凸齿，将正确的钥匙插入锁孔，各销子便能恰好位于唯一可释放锁轴的位置上，锁便打开了。

现在你可以知道，有多少种方法把每根销子都锯成两段，就能制造出多少个结构不同的暗锁，虽然这个数目不是无穷大，但也已经是非常大的了。

我们来试着思考一个题目：假设每根销子有10种切法，一共可以制造出多少种结构不同的暗锁来呢？

5. 人像拼图

你会画人像吗？画得不好也不要紧。找一张硬纸板，像图55那样，画一张人像，并把它割成狭窄的小条，比如图中割成了9条。然后你可以按照图中的方法，再画一幅人像，并割成同样的小条。条件是两张人像的轮廓大致相同，并保证不同头像间相邻两个小条上的线条的连续性。

图 55

当然你还可以做更多份。比如你一共做出4份，其中每个部位都有4个小条，那么就一共有36个小条。你把其中的9个拼在一起，能拼出种类多样的人像。

我记得有一段时间，店里经常出售一种用来拼人像的方木条，每根方木条是一个部位，它的四个面图案各不相同。那时候的广告说，用36块方木条能摆出一千种人像。你觉得这种说法对不对呢？

图 56

6. 菩提树叶

假设有一棵老菩提树，我们得到允许将它的叶子全都摘了下来。摘好后，把全部的叶子并排成一行，不能在中间留下缝隙。思考一下，这行树叶的总长度是多少？用它绕大型住宅一周是否够用？

7. 100 万步

你应该很明白"100万"这个数量有多大，对自己每迈一步的长度也大概了解。那么现在我们来探讨两个问题吧：

如果你走出一百万步，一共是多远的距离？

这个距离比10千米多吗？

8. 谁说得对

课堂上，老师问："把1立方米分成若干个1立方毫米的小块，再把这些小块一个一个地叠放在一起，能够叠多高？"

一位学生说："比巴黎埃菲尔铁塔（300米）还高！"

另一位学生说："比勃朗峰（5 000米）还高！"

你来判断一下，谁说的对？

9. 数行人

一个人站在自己家门口，用2小时的时间数从他面前的人行道上走过的人数。另一个人在人行道上走来走去整整2个小时，认真地数在人行道上走过的人数。

你认为，他们谁数的人多？

揭秘：你的答案正确吗

1. ☆豌豆项链

如果只凭感觉来估算，有可能会错得离谱。所以我们最好还是来进行一下计算。

一粒豌豆的直径约为 $\frac{1}{2}$ 厘米，如果压得够紧，每立方厘米可以容纳至少8粒豌豆。而玻璃杯的容量大概为250立方厘米，这至少可以容纳 $8 \times 250 = 2\,000$ 粒豌豆。把这些豌豆像题中所说的那样串起来，长度将达到 $\frac{1}{2} \times 2\,000 = 1\,000$ 厘米 $= 10$ 米。

2. ☆水多还是酒多

思考这道题时，必须注意到两个瓶子里的液体量始终未变。

现在我们来假设第一次互换液体之后，第一个瓶子里有 n 立方厘米的酒，当然水是（$1\,000-n$）立方厘米。

缺少的这 n 立方厘米水在第二个瓶子里，因此第二个瓶子里有 n 立方厘米的水，酒是（$1\,000-n$）立方厘米。

很明显，第一个瓶子里的水和第二个瓶子里的酒在数量上是一样多的。

3. ☆打赌

掷4次骰子，会出现的结果有 $6 \times 6 \times 6 \times 6 = 1\,296$ 种可能。假设第1次就掷出了"1点"，那么，另外3次都不出现"1点"的可能性有 $5 \times 5 \times 5 = 125$ 种。当然，如果"1点"出现在第2、第3或第4次时，那么其他几次不出现"1点"的可能性也是125种。

所以，小李的观点出现的可能性是 $125 + 125 + 125 + 125 = 500$ 种，而不可能性有 $1\,296 - 500 = 796$ 种，而这796种，也恰恰是小王的观点出现的可能性。$796 > 500$，因此小王获胜可能性更大。

4. ☆暗锁的结构

每把锁有5根钢销子，每根销子有10种切法，很显然能出现10×10×10×10×10=100 000种不同的结构，也就是制造出100 000把不同的暗锁，因此也就会有100 000把互不相同的钥匙。这当然是令人放心的，因为即使是对于窃贼来说，他想要打开一把锁，在10万次机会之中，只有一次可能。

当然这只是假设，原因是把一根销子切成两部分远不止10种方法，因此暗锁的结构数也要多得多。打个比方说，如果一打普通的门锁中就能有一两把拥有相同的构造，那么对比起来，工艺优良的暗锁的优越性就显而易见了。

5. ☆人像拼图

36根方木条可拼出的人像绝对不止1 000个。为什么这样肯定呢？我们可以一起来计算一下：首先把画有人像的9个部分的方木条用罗马数字标记为：Ⅰ、Ⅱ、Ⅲ、Ⅳ、Ⅴ、Ⅵ、Ⅶ、Ⅷ、Ⅸ。每根细木条有4个面，我们就把它们用阿拉伯数字分别标记为1、2、3、4。

以Ⅰ号木条的第1个面为例，Ⅱ号木条的第1、2、3、4个面都能与它拼摆，因此可有"Ⅱ，1；Ⅱ，2；Ⅱ，3；Ⅱ，4"这4种组合。但事实上Ⅰ号木条同样有4个面即"Ⅰ，1；Ⅰ，2；Ⅰ，3；Ⅰ，4"，其中的每个面都能与木条Ⅱ有四种组合，所以木条Ⅰ与木条Ⅱ就一共有4×4=16种不同的拼摆方法。

接下来，我们就会发现，上述由Ⅰ、Ⅱ号木条拼摆出的16种组合，又分别可与第Ⅲ号木条的4个面"Ⅲ，1；Ⅲ，2；Ⅲ，3；Ⅲ，4"组合拼摆，因此，人像的前三个部位一共可有16×4=64种组合方法。

依次类推。我们可以知道，Ⅰ至Ⅳ号木条一共有64×4=256种拼法，Ⅰ至Ⅴ号木条一共有1024种拼法，Ⅰ至Ⅵ号木条一共有4 096种拼法…全部9根木条一共有：4×4×4×4×4×4×4×4×4=262 144种拼法。你看，这已经远远不止1 000种了，甚至比100万的$\frac{1}{4}$还多呢！

这道题目中蕴含着极大的道理。世界上的人数也数不清，每个人都有与众不同的相貌，可为什么我们很少遇见长相完全相同的人呢？这令人非常费解。但通过我们刚才的计算可以发现，假设人的脸只有9种基本特征，而每种特征又可以有4种不同，就可以拼出26万张不同的脸。而事实上人脸的特征有20个部位，每个部位有至少10种不同，这样算起来居然可以拼出10^{20}=1万亿亿张脸！

这是个多么庞大的数字！甚至要比全世界人口总数还要多出许多倍呢！

6.☆菩提树叶

一棵老菩提树的叶子至少有20万～30万片，这里我们假设它有25万片叶子，并假设每片叶子有5厘米宽，那么将这些叶子一片一片不留缝隙地排起来，就会有1 250 000厘米=12 500米=$12\frac{1}{2}$千米！这个长度能够围绕的可不仅仅是一座大型住宅，用它来围绕一座中等规模的城市也够了！

7.☆100万步

假设步长是$\frac{3}{4}$米，那么走100万步的长度就是750千米。这远远超过了10千米，甚至比好几个100千米还多。形象一点说，从北京坐火车到天津要走过的路程是173千米，走100万步的长度，可以沿铁路在北京和天津之间走好几个来回呢！

8.☆谁说得对

谁说的都不对。甚至都离正确答案太远了。1立方米可以分成1 000×1 000×1 000=10亿立方毫米，把这些立方毫米叠起来，会有10亿毫米，或者说有1 000千米那么高！这比地球上最高的山峰还要高100倍，埃菲尔铁塔和勃朗峰显然是丝毫没有竞争力的。

9.☆数行人

答案是一样多。这是因为，尽管第一位在家门口能够将走向正反两个方向的人数都数进来，但人行道上的那位在来回走动的过程中观察到的人数2倍多于迎面而来的人数。

第十章

分配中的数学思维

1. 老师的报酬

这是一个发生在古希腊的故事。一位名叫款德尔的年轻学生向著名的智慧大师、诡辩论者普洛赫尔学习律师业务，在学习开始之前，他们二人做了一个约定：学生日后第一次在法庭上帮助顾客赢得诉讼的时候，必须向老师支付一定的报酬。

款德尔结束学业后，普洛赫尔老师却迟迟不能等到学生带来的报酬，因为款德尔根本不着急开始自己的律师生涯。老师为了合理地拿到自己的报酬，将学生告上了法庭。他认为，如果他赢了，法庭会判对方向他支付罚款，如果款德尔赢了，按照二人的约定，款德尔自然应该付款给他了。

但款德尔有不同的想法。他认为老师的诉讼必败无疑。看来他从普洛赫尔那里的确学到了很好的本领。他的想法是，如果他输了，根据二人的约定，他理应不向老师支付费用，而如果最后的结果对他有利，根据判决结果，他就更没有付款的义务了。

法庭开庭了，法官对于这桩案子感到很为难。可是，经过一番思考之后，他终于做出了一个最明智的判决，使老师拿到了自己的报酬，同时也使师生之间的约定得到了履行。

你知道法官是怎样判决的吗？

2. 亡夫的遗产

这道古老的题目是喜爱谈论法律的古罗马人经常提及的：

有一位寡妇的丈夫在临死之前留给自己的遗孀和他们即将出生的孩子3 500元遗产。

按照罗马法律的规定，如果生了男孩，母亲所分得的遗产就是儿子的一半；如果生了女孩，母亲所分得的遗产就是女儿的2倍。

令人意外的是，寡妇生下了一对龙凤胎，也就是一儿一女。那么怎样分配遗产才算合法呢？

3. 平分牛奶

大奶罐里装有4升牛奶，你想把它平分给两位朋友，但你的2个空罐子，1个容量是$2\frac{1}{2}$升，1个是$1\frac{1}{2}$升。

怎样才能用这3个奶罐把4升牛奶平均分成两半呢？

4. 每人一间房

有一天，一家小旅店突然来了11位客人，而且都想住单间，这可难住了店主。因为店里只剩10间房，而11位客人谁也不同意和别人合住一间。把11个人安排在10个房间，每个房间安排1个人，这好像有点离谱了，可服务员说他想出了一个好办法，能解决这个问题。那么就看看他是怎么办的吧：

服务员先把第1位客人安排在1号房间，然后征得他的同意，让第11位客人在1号房间里暂时停留5分钟。

然后他把第3位客人安排在2号房间，第4位客人在3号房间，第5位客人在4号房间，第6位客人在5号房间，第7位客人在6号房间，第8位客人在7号房间，第9位客人在8号房间，第10位客人在9号房间。

最后，他把停留在1号房间内的第11位客人请了出来，安排进10号房间。

看上去似乎所有旅客的要求都得到了满足，可是很多读者似乎对此感觉到有些奇怪。

问题出在哪里呢？

5. 停电的时间

电灯突然熄灭了，是保险丝的问题。好在我恰好有两支备用的蜡烛，帮我坚持到了电灯被修复，使我不至于中断工作。

可第二天，当我意识到需要确定断电的时间长度时，却遇到了麻烦。因为我当时根本没有注意到断电时的时间，也没注意到来电时的时间，就连蜡烛刚点上的时候有多长都没有注意到。

我能确定的是，两支蜡烛都是新的，长短相同，但粗细不同，粗的那支能用5小时，细的能用4小时。

我想找到未燃尽的蜡烛，但家人已经把它们扔掉了。我向他们询问扔掉时蜡烛的长度，他们回答我："一支的长度是另一支的4倍。"

就只有这些了，我得不到更多的信息，只好根据仅知道的这些来计算蜡烛的燃烧时间。

如果遇到这件事的是你，你会怎么做呢？

6. 侦察兵过河

三名侦察兵徒步行进到河边，没有桥，无法过河。

河上有两个小孩子在划一只小船，他们虽然想为侦察兵提供帮助，但船太小，一次只能运一个人，即使是多运一个小孩子也会沉船。问题是，三位侦察兵都不会水。

现在看来，似乎只能有一名侦察兵到河对岸去了。但侦察兵们却不这么想，他们在两个孩子的帮助下，很快全部过了河。

他们想出了什么办法？

7. 儿子与牛

这个题目来自于古老的传说：

有一个人养了一群牛，他打算把牛全部分给儿子们。儿子们得到的牛的数量是这样的：

大儿子分到1头牛加余数的 $\frac{1}{7}$，

二儿子分到2头牛加余数的 $\frac{1}{7}$，

三儿子分到3头牛加余数的 $\frac{1}{7}$，

四儿子分到4头牛加余数的 $\frac{1}{7}$，

……

就这样一直分到最后一个儿子，恰好把全部的牛都分完了。你算算，他有几个儿子？有几头牛？

8. 数方格

小安怎么也不肯相信1平方米中含有100万个1平方毫米。

"这根本不可能！"小安说，"我这恰好有一张1平方米大的纸，上面也恰好印满了毫米方格。你看，就这么一张纸，难道这些小方格能有100万个？别开玩笑了！"

有人说："那你自己数数好了。"

"数就数！"小安决定证明自己。

第二天，他一大早就爬起来开始数小格子，甚至每数一个就认真地画个记号，于是他用的时间是每个格子1秒钟。

事情发展得似乎很顺利，速度也很快。

但是，说实话，你真的认为他数上一天就能得出答案吗？

9. 分核桃

你要将100个核桃分给25个人，每个人分到的个数不准是偶数，要怎么分？

10. 饭费的分配

两个人做米饭，甲拿出200克米，乙拿出300克米。

饭煮熟后，恰好有个过路人经过这里，被他们邀请一起用餐。

过路人临走时留下了0.5元作为这顿饭的报酬，甲乙二人该怎么分配这0.5元钱呢？

11. 切苹果

这里有9个苹果，打算分给12名少先队员。这似乎很难找出答案，但如果你对分数不陌生，解答起来应该并不难。

如果你得出了答案，那么还有一道题你也应该试一下：把7个苹果分给12名少先队员。

12. 家有来客

小咪爸爸洗好苹果来招待孩子的6名同学，可是苹果只有5个，每人一个不够分，这可怎么办？

小咪爸爸决定把苹果切开，可是切得太碎不大好，他决定每个苹果最多切成3块。

现在小咪的爸爸需要解决的问题是：把5个苹果平均分给6个孩子，每个苹果不能切成3块以上。他该怎么做？

13. 三个人的船

三个人共有一艘小船。他们为了方便每个人随时使用，且保证小船不会被偷，想出了一个办法。

他们拿了三把锁和一条铁链将小船锁在岸边的树上，每个人只有一把能打开其中一把锁的钥匙，只要打开自己的那把锁，就能解开铁链，而不必等另外两名同伴的帮忙。

他们是怎么做到的？

14. 宾主的座次

一对夫妻邀请另外三对夫妻来家里共进午餐，四对夫妻共同落座时，主人安排所有人男女相间围绕圆桌就座，但每位丈夫都不坐在自己妻子身边。

你想一下，假如只注意每个人座位的顺序，而不去在意同样的顺序是否坐在不同的地方，有几种就座的方法？

15. 三兄弟等车

三兄弟看完电影打算乘电车回家，在车站等了很久，却一直没有电车开过来。

　　大哥想继续等电车来。

　　老二不同意："在这里傻等着干吗？等的工夫要走好长一段路了。我们往前走着，如果电车追上来，我们直接上去不是一样吗？还能早点回家。"

　　老三有不同意见："走也可以，但不能向前走。我觉得我们应该往后走，这样就可以更早地与迎面开来的车子相遇，咱们到家的时间会更早。"

　　三兄弟都坚持自己的看法，谁也不认同别人，最后只好分别按自己的方法办。大哥继续站在原地等，老二向前走，老三向后走。

　　你认为，这兄弟三个谁最聪明？谁能先到家？

揭秘：你的答案正确吗

1. ☆老师的报酬

法官让普洛赫尔放弃了第一次起诉，然后给了他再次提起诉讼的权利。

第二次开庭老师胜诉了，款德尔当然要支付给老师报酬，因为第一次开庭他胜利了。

2. ☆亡夫的遗产

符合法律规定的遗产分配方法是：分给母亲1 000元，儿子2 000元，女儿500元。

3. ☆平分牛奶

用现有的3个奶罐把牛奶按照下面的方法翻倒7次，就能平均分开了：

次数	4升奶罐	$1\frac{1}{2}$升奶罐	$2\frac{1}{2}$升奶罐
1	$1\frac{1}{2}$	0	$2\frac{1}{2}$
2	$1\frac{1}{2}$	$1\frac{1}{2}$	1
3	3	0	1
4	3	1	0
5	$\frac{1}{2}$	1	$2\frac{1}{2}$
6	$\frac{1}{2}$	$1\frac{1}{2}$	2
7	2	0	2

4. ☆每人一间房

这的确不正常，因为根本不可能按照大家的要求来进行安排。

服务员的错误在于他在安排完第1位和第11位后，直接安排了第3位客人，忘记给第2位旅客安排房间了。

少了一个人，房间数和人数当然正好对应了。

5. ☆停电的时间

我们用方程来解答这道题。

首先设蜡烛点燃的时间为x小时，根据题意，可知粗蜡烛每小时燃尽$\frac{1}{5}$，细蜡烛每小时燃尽$\frac{1}{4}$，所以粗蜡烛燃剩部分的长度是$1-\frac{x}{5}$，细蜡烛燃剩部分长度的4倍是$4（1-\frac{x}{4}）$。将这个等量关系列成方程式为$4（1-\frac{x}{4}）=1-\frac{x}{5}$，解方程，$x=3\frac{3}{4}$小时=3小时45分，这就是蜡烛燃烧的时间。

6. ☆侦察兵过河

两个孩子先划船到对岸，然后将一个孩子留在岸上，另一个把小船划回原地。

孩子下船后，一个侦察兵划船到对岸，由留在对岸的孩子把船划回来。

再将这个过程重复两遍，三名侦察兵就全部过河了。

最后，两个孩子成功汇合，又继续在河上划船玩耍了。

7. ☆儿子与牛

这道题我们用算数的方法就可以解答，但需要从后往前算。

我们先来看最小的儿子分到几头牛。小儿子是分不到余数的，因为分完他的份额，就不会再有牛了，所以他的父亲有几个儿子，他就能分到几头牛。倒数第二个儿子能分到的牛数是在比他父亲的儿子总数少1的基础上，再加牛群余数的$\frac{1}{7}$。可见，最小的儿子能分到余数的$\frac{6}{7}$，因此小儿子分到的牛数恰好能被6整除。

下面我们来做一些假设，比如假设小儿子分到6头牛，也就是说他的父亲有6个儿子。

按照这个前提，第5个儿子应该分得5头牛再加上7头牛的$\frac{1}{7}$，一共6头牛。这两个儿子一共分了12头。继续算下去，第4个儿子分到牛之后，余数还剩$12÷\frac{6}{7}=14$头，所以他分到了$4+\frac{14}{7}=6$头。

然后是第3个儿子，他分到牛后，牛群还剩（6+6+6）÷$\frac{6}{7}$=21头，他分到了3+$\frac{21}{7}$=6头。可见，二儿子和大儿子也是各分得6头牛。

结果证明我们的假设是符合事实的：一共有6个儿子，一共有36头牛，每个儿子分到6头。

可是会不会是6的倍数？比如12个儿子，或者18个，或者24个、36个？用同样的方法计算一下就会知道，这些都是行不通的。

8. ☆数方格

小安不可能在一天内得出答案。他一秒钟只能数一个格子，每天有86 400秒，所以就算他二十四小时不停地数，最多也只能数86 400个格子，想数出100万个，得不眠不休连续工作整整12天！如果每天数8小时，就得数上一个月！

9. ☆分核桃

不要每看到一个题目就开始忙着各种计算和组合，因为有时候这是在做无用功。其实这件事是不可能做到的，只要稍加思考就可以知道了。

如果100可以分成25个奇数，这是不合理的。别忘了25也是个奇数，奇数个奇数之和不可能等于偶数，所以等于100也是不可能的。

我们这里有12对奇数，另加1个单独的奇数，每一对奇数或偶数相加结果都是偶数，加上最后的1个奇数，结果还是奇数。所以你看，怎么可能100个核桃分给25个人还要保证每个人分到的都不是偶数呢？

10. ☆饭费的分配

大多数人都会想当然地认为，出了200克米的甲应该得0.2元，出了300克米的乙应该得0.3元。事实上这种分配方法是毫无根据的。

路人留下的0.5元是1个人的饭费，全部的饭费应该是1.5元，这是500克米做出的米饭所值的价钱，那么100克米做出的米饭就价值0.3元。

甲出了200克米，他应得的钱数是0.6元，但他吃掉0.5元，最后只应该分得0.1元。

而乙出了300克米，他应得的钱数是0.9元，所以最后他应分到的钱数是0.9−0.5=0.4元。

11. ☆切苹果

把9个苹果平均分给12名少先队员其实很容易。

假设把其中6个苹果，每个一分为二，另外3个各切成4块。这样就一共有12个$\frac{1}{2}$和12个$\frac{1}{4}$，把每个$\frac{1}{2}$和每个$\frac{1}{4}$组成一份，这样正好每人一份。

如果只有7个，仍旧按同样的要求分给12名少先队员，也是同样的道理。把其中的3个苹果各切成4块，另外4个苹果各切成3块，就一共有12$\frac{1}{4}$个和12个$\frac{1}{3}$，每人正好分到$\frac{1}{4}+\frac{1}{3}=\frac{7}{12}$个苹果。这也很容易操作了。

12. ☆家有来客

将其中的3个苹果分别从中间切开，给6个孩子每人分一半。再将剩下的2个苹果各切成3份，给6个孩子再每人分$\frac{1}{3}$。这样每个孩子都得到了$\frac{1}{2}+\frac{1}{3}=\frac{5}{6}$个苹果，每个苹果被切开后都没有超过3块。

13. ☆三个人的船

从图57中可以看到，三把锁一个挨一个套着锁在一起，打开任何一把锁都可以把铁链打开。三个人就是这样把船锁在岸边的。

图57

14. ☆宾主的座次

先让丈夫们坐好，然后让各自的妻子坐在丈夫身边。如果只考虑位置的顺序，这样有6种坐法。

接下来，丈夫们不动，让每位妻子向前移动一个位置，也就是第一位妻子坐在第二位的位置，第二位坐在第三位的位置，依次类推。这样就符合要求了，丈夫不坐在自己妻子旁边。这也有6种坐法。

而在这6种坐法中，每1种都可以让妻子们再向前移动一位，这样就又有6种新方案。但不能再继续了，否则每一对夫妻又将坐在一起，只不过方向不一样罢了。

我们将四位丈夫用罗马数字 Ⅰ、Ⅱ、Ⅲ、Ⅳ 来标记，将四位妻子用1、2、3、4来标记，列出6种坐法：

Ⅰ 4	Ⅱ 1	Ⅲ 2	Ⅳ 3
Ⅰ 3	Ⅱ 4	Ⅲ 1	Ⅳ 2
Ⅰ 2	Ⅱ 1	Ⅲ 3	Ⅳ 4
Ⅰ 4	Ⅱ 2	Ⅲ 1	Ⅳ 3
Ⅰ 3	Ⅱ 1	Ⅲ 4	Ⅳ 2
Ⅰ 2	Ⅱ 3	Ⅲ 1	Ⅳ 4

15. ☆三兄弟等车

三个人同时到家，但最聪明的是大哥，因为老二老三都走了路，大哥最省力，一步也没有走。

老三向后走了一段路，迎面遇到了电车，于是他跳上了车。而大哥舒舒服服地等在车站，电车来了就直接跳上去，没有步行。电车行驶了一会儿，追上了老二，老二也跳了上来。于是，三兄弟坐着同一辆电车回了家。

第章

格列佛游记

在《格列佛游记》中，最令人感兴趣的应该是格列佛在大人国和小人国的经历了。在小人国里，所有的东西的尺寸都只有我们的 $\frac{1}{12}$，不论是人、动物，还是植物或别的什么。而大人国恰恰相反，一切的尺寸都是我们的12倍！但你有没有想过作者为什么选择了12这个数字呢？其实很简单，作者是英国人，1英尺（1英尺=0.3048米）恰好等于12英寸（1英寸=2.54厘米）！单纯从字面上来看，12倍似乎不是什么太大的差别，但大人国和小人国里的自然环境与人们的生活状况因为这种与12有关的差别令我们感觉到出乎意料的差异。也正因为此，我们才从中发现了许多可以看作数学题目的有趣材料。下面我向读者朋友们介绍这样的10个题目。

1. 500 匹马

格列佛谈起在小人国的经历时说："给我派来500匹健壮的马，好把我送到首都去。"但是你难道不认为，即使考虑小人国的马匹与格列佛本身在个体上的悬殊差异，"500匹马"仍是个不可思议的数字吗？当格列佛说起小人国的牛马和绵羊时，他说他在离开的时候"轻而易举地把它们放到了自己的衣袋里"，这也让人简直难以置信。你觉得这可能吗？

2. 600 床褥子

格列佛提到小人国的人们为他准备被褥的情景时说道：

"他们用大车拉来了600床褥子，裁缝师傅们忙忙碌碌地把每150床褥子缝在一起，才算够我用的尺寸，他们把这样大的4床大褥子全部铺在我的身下，我还是感觉像躺在石头上。"

为什么睡在这么大的4层褥子上，格列佛还是觉得身子底下坚硬无比呢？另外，他所描述的这个场景里的计算结果都正确吗？

3. 巨大的小艇

格列佛离开小人国的时候，坐着一只被海浪卷到岸边的小艇。

这只小艇对于小人国来说可不小，在他们眼里，这算得上是一艘庞大的巨舰，就算他们国家最大的舰队里最大的舰船，也没有这艘小艇大。

船的排水量与它能浮起来的最大重量（包括自身重量）是相等的，并且1吨=1 000千克，这是一个常识。

我们假设这艘小艇的总承重是300千克，请你从小人国的角度上来计算一下这只小艇的排水量约为多少。

4. 木桶与水桶

格列佛讲述在小人国喝酒的情景时提到了他们的木桶：

"我大吃一顿之后，用手势让他们给我来点喝的。他们马上用绳索把最大的一木桶甜酒提到我身体这么高的高度，推着木桶把它滚到我的手边，并为我撬开了盖子（图58），我拿起木桶一饮而尽。他们又为我滚来一桶，我又一口气喝了。当我表示再来一桶时，酒已经没有了。"

格列佛还在另一处提到了小人国的水桶（图59），他说"那水桶比我们缝衣服的时候用的顶针还要小"。

请你判断一下，在任何尺寸都是我们$\frac{1}{12}$的小人国，他们的木桶和水桶真的只有这么小吗？

5. 1728 人的午餐

《格列佛游记》中说，小人国每天为格列佛供应的食品量相当于1728个小人国臣民每日所需的食品量。

格列佛在书中描述了自己在小人国吃饭的场景：

"为我准备食物的厨师有300人，我的住所四周

图58

搭了许多棚子，他们就在那为我做饭，厨师和他们的家属都住在那里。吃午饭的时候，我将20个仆人用手抓到餐桌上，另有大约100人在地上为我运输食物，或者为我抬来整桶的甜酒，桌面上的人就随时用绳索和滑车把这些东西提到桌上来。"

需要你思考的是：为什么每天要给格列佛供应那么多食品？服侍他吃饭为什么要用那么多人？不是说他的身高是小人国人的12倍吗？这份口粮的量对于体重是小人国人12倍的格列佛真的合适吗？

图 59

6. 300 名裁缝

格列佛在游记中说道："他们打算为我缝制一件当地的衣服，于是给我派来300名小人国的裁缝。"（图60）

你觉得奇怪吗？格列佛的身高只是他们的12倍，做一件衣服真的需要这么多的裁缝吗？

7. 大人国的苹果与核桃

图 60

谈到大人国的见闻，格列佛在游记中说："有一次，宫里的一个矮个子和我们一起去公园，路过一棵树时，他趁我正好从树下走过，就抓住一根树枝在我的头顶使劲摇，直到有一片像木桶那么大的苹果猛地砸向地面，以至于我被其中一只苹果打倒在地。""还有一次，一个淘气包向我的头部扔了一颗核桃，用的力气足够打碎我的头。那核桃有我们的南瓜那么大，幸好我躲过了。"在他的描述中，你能猜出大人国的苹果和核桃大约多重吗？

8. 戒指与项圈

格列佛从大人国带回一枚金戒指，这是大人国的女王赐给他的。他说："她仁慈地从自己小手指头上把戒指摘下来，像戴项圈一样为我挂在脖子上。"试想一下，就算对方是大人国的女王，从她的小手指头上摘下来的戒指真的能像项圈一样套在格列佛的脖子上吗？这得是一枚多重的戒指啊？

9. 麻烦的阅读

格列佛这样描述在大人国的图书馆阅读的场景：

"他们同意我在图书馆借书看。但为了能让我正常地读书，他们不得不为我制造了一套专用的设备，就是由木工们为我做了一架高25英尺、阶长50英寸的便携式木梯。每当我到图书馆读书时，他们就帮我把木梯安置在离墙10英尺远的地方，梯级向墙。然后再把书本打开，斜倚着墙放在地上。我会爬到木梯的最高处，从左至右，一行一行地往下读。每读一行，我得往返走8至10步。当我能看到的行已经在双眼的水平视线以下时，我就向下走一级阶梯。翻页后，我再爬上木梯的最高一级。我翻页的时候用双手，这并没让我感觉沉重，因为印书用的纸没有我们的厚纸板厚。大人国的书最大开本也不超过18～20英尺。"

10. 巨人的衣领

最后一道题并不是《格列佛游记》这本书中的内容，事实上它是我们根据这本书中的内容设想出的一道题目。

你知道衬衣领子的号码代表什么意思吗？其实它是衬衣领子的周长（厘米）。如果你的脖子周长为38厘米，那你需要的衬衣尺码就是38号，不能大也不能小。

现在我还可以告诉你一个新的常识：成年人的脖颈周长平均是40厘米。请你设想一下，如果格列佛打算在伦敦为大人国的居民定制一批衬衣衣领，选多大的衣领号码比较合适？

揭秘：你的答案正确吗

1. ☆500匹马

重新阅读一遍《格列佛游记》中的"格列佛的口粮和午餐"一节，我们会找到依据。格列佛的体积是小人国国民的1 728倍，那体重当然也是1 728倍。

想运走格列佛究竟要多少匹马？那就要看看运走1 728个年轻力壮的小人国国民需要的马匹数了。所以出动500匹马来接格列佛，是符合小人国的现实情况的。

那么小人国的牛马和绵羊呢？显然它们的体积或体重也是我们的马牛羊的 $\frac{1}{1728}$（图61）。以我们的牛为例，大概1.5米高，体重就按400千克计算吧。那么小人国的牛大概身高12.5厘米高，体重 $\frac{400}{1728}$ 千克，连 $\frac{1}{4}$ 千克都不到。这个大小的牛，放到衣袋里的确不是难事。

格列佛的叙述显然是可信的："他们最大的牛马，身高也不超过4、5英寸，绵羊只有 $1\frac{1}{2}$ 英寸，像我们的麻雀一样。他们的牲畜小到我的眼睛几乎看不见。我甚至见到小人国的厨师给像我们的苍蝇那么大的云雀褪毛。曾经有这么一次，一位姑娘在我面前将我无法看到的线引到了我没办法看到的针鼻中去。"

2. ☆600床褥子

格列佛的计算是正确的。小人国褥子的长度和宽度都是我们褥子的 $\frac{1}{12}$，所以小人国褥子的面积就应该是我们褥子的 $\frac{1}{12} \times \frac{1}{12}$。如果想给格列佛做一床合适的褥子，就得用144个（粗计为150个）小人国的褥子接在一起才行。问题在于褥子够大了还不行，还要够厚。不幸的是，小人国褥子的厚度也是我们褥子的 $\frac{1}{12}$，四床褥子叠在一起，厚度也只是我们褥子的

$\dfrac{4}{12} = \dfrac{1}{3}$，这对于格列佛来说，显然还是太薄了。

3. ☆巨大的小艇

题目假设这艘小艇的承重是300千克，那么它的排水量约是$\dfrac{1}{3}$吨。我们知道，1立方米的水重1吨，小艇的排水量应该是$\dfrac{1}{3}$立方米。在小人国，1米的长度相当于我们的$\dfrac{1}{12}$米，1立方米当然就是我们的$\dfrac{1}{1728}$立方米。显然，我们的$\dfrac{1}{3}$立方米相当于小人国的575立方米。所以说，从小人国的角度上看，格列佛所乘的这艘"大舰船"的排水量应该是大约575吨，之所以说大约，是因为300千克这个已知的数字本来就是我们假设的。

575吨，在我们今天看来根本不算什么，因为几万吨甚至几十万吨排水量的船也并不稀奇。但别忘了，《格列佛游记》创作于18世纪初，对于那时候的人们来说，500吨～600吨的船还真是大到不可思议呢！

4. ☆木桶与水桶

小人国的木桶和水桶，在高度、厚度、长度上都应该只是我们的$\dfrac{1}{12}$，因此体积也是我们的$\dfrac{1}{12} \times \dfrac{1}{12} \times \dfrac{1}{12}$ $= \dfrac{1}{1728}$。假设我们的水桶能盛下60杯水，那么小人国的水桶就只能盛下$\dfrac{60}{1728}$杯，也就是大约$\dfrac{1}{30}$杯吧。这也就相当于1茶匙多点的量，的确不足以盛满一个大号顶针那么大的容器。

盛酒的木桶要比水桶大，我们假设10桶水才能装满一个大木酒桶，那么一个大木桶的容量就相当于我们的

图61

$\dfrac{10}{30}=\dfrac{1}{3}$ 杯。这样看起来，格列佛喝了两大桶酒，也没喝到我们一杯水的量，当然不足以为他解渴。

5. ☆1 728人的午餐

书中的计算是合理的。小人国的人只是比我们尺寸小而已，其他的没有什么差别，身体各部位的比例和我们是一样的。他们的身高、身宽、身厚等字数都是我们的 $\dfrac{1}{12}$，那么他们1个人的体积就相当于我们普通人的 $\dfrac{1}{12}\times\dfrac{1}{12}\times\dfrac{1}{12}=\dfrac{1}{1728}$。所以你看，想要让格列佛这么一个"大"人吃饱，当然得有足够他们1728个人吃的口粮了。

我们再来看仆人的数量多不多。假设一位厨师能做6个人的午餐，小人国当然也一样，那么为格列佛做一份午餐，当然得有做1728个人的饭所需要的那么多厨师了。厨师做好饭后，还得有足够的仆人把它们运到格列佛的餐桌旁，然后还要有足够的仆人借助工具把这些食物运到餐桌上。餐桌有多高？足足有小人国三层楼房那么高呢，仆人少了根本不行！

6. ☆300名裁缝

格列佛的身高是小人国公民的12倍，身体表面积却是小人国人的 $12\times12=144$ 倍。也就是说，格列佛身体表面的1平方英寸（1平方英寸＝6.4516平方厘米）相当于小人国的144平方英寸。所以想给格列佛做一套衣服，就要用做144个小人国公民的衣服所需的布料，这个工作量是相当大的。

我们假设1位小人国裁缝做1套小人国公民穿的衣服需要2天，如果1天必须完成1套就必须得用2个裁缝，那么一天内做相当于144套衣服那么大的工作量，用300名左右的裁缝是最好的办法。

7. ☆大人国的苹果与核桃

我们的苹果大概每个重100克。用我们前面几道题的思路计算的话，不难算出，大人国的苹果的重量和体积都应该是我们这里的苹果的1 728倍，也就是重约173千克（图62）。这么大的一个苹果从树上猛地落下来砸到人的背上，格列佛没被砸死真是万幸了！

图 62

我们的核桃大概每枚2克重。计算下来，大人国的核桃每个得重3~4千克，直径也得10厘米左右。把一个超过3千克重的坚硬物体用力地掷向人的脑袋，如果真的命中，绝对能将人的头盖骨打碎。

其实在书中的另一处，格列佛还提到了大人国的冰雹。他说："一次普通冰雹一下子把我打倒在地，雹粒像大木球一样沉重地打在我的全身。"这种描述当然是完全可信的，因为简单计算一下就能知道，大人国的冰雹每个的重量都不会小于1千克！

8. ☆戒指与项圈

普通人小指的直径大约为$1\frac{1}{2}$厘米，因此女王的戒指内径应该是$1\frac{1}{2} \times 12 = 18$厘米，周长就是18×3.14，也就是大约56厘米。量一量自己的头围，你就会发现，这个戒指的周长套过一个人的头没有什么问题。我们再来计算一下这枚戒指的重量，我们的一枚普通戒指约重5克，大人国的一枚同样形状的戒指要重大约$8\frac{1}{2}$千克（图63）。

图 63

9. ☆麻烦的阅读

我们今天普通开本的书，尺寸是25厘米×12厘米，如果按照这个尺寸考虑，书中的描述就太夸张了。因为大人国这本书的尺寸最多是3米×1$\frac{1}{2}$米。格列佛读这本书完全可以不用梯子，更不用每读一行就从左到右往返8至10步。

但是，在作者所生活的时代（18世纪初），普通开本的书可要比现在大得太多了。比如彼得大帝时代出版的《算术》（马格尼茨基编），它的尺寸就是30厘米×20厘米。我们假设大人国的这本书正好是这样的尺寸，那么对于我们来说，它的长和宽都要增大12倍，这个数字将达到高3.6米、宽2.4米，这就是一本庞然大书了！读一本近4米高的大书，不借助梯子可不行。何况这只是我们的假设，如果是以全印张为开本的那种庞然大书，那尺寸就更难以想象了！

即使是我们假设的这本书，它在大人国的重量也要是我们一本书的1 728倍，大约是我们3吨的重量。如果这本书有500页，每页书的重量就达到6千克，格列佛翻起这本书来，恐怕真是不轻松呢（图64）。

图64

10. ☆巨人的衣领

在伦敦为大人国定制一批480号的衬衣衣领就可以了。因为40×12=480号。

通过以上的10道题目我们可以发现，斯威夫特在《格列佛游记》这本书中所写的一切都是精心计算过的。俄国大诗人普希金在其所著的《叶甫盖尼·奥涅金》受到评论家的质疑时，指出他这部作品中的"时间是按照日历分配的"。我们有理由认为，斯威夫特也同样可以说，他在《格列佛游记》中所写的全部故事都是按照几何学的规则进行过严格计算的。

第十二章

难以置信的大数字

1. 大将的养老钱

这个故事来自于一位英国私人藏书家珍藏的一份古拉丁文的手稿。相传很久以前，古罗马有一位名叫泰伦齐的大将。他奉皇帝的命令率兵远征，取得了战争的胜利，带着无数的战利品凯旋。皇帝非常高兴，对他的忠诚大为赞扬，并答应要提拔他以示奖励，但泰伦齐想卸甲归田。

他对皇帝说："尊敬的陛下，我为了您的荣耀与势力，多年来勇猛杀敌，从没计较过个人的生死，就算我有无数条性命，我也做好了全部为您牺牲的准备。但现在我老了、累了，就连血液都失去了年轻时候的活力。我到了该休息的年龄了，到了在自己的房子里享受一下天伦之乐、安度晚年的时候了。"

"那么，你想让我为你做些什么？"皇帝问他。

"尊敬的陛下，请恕臣直言，臣的一生都在为陛下南征北战，从来没有时间停下来为自己积攒一笔安度晚年的财富，以至于到了现在，仍然一贫如洗。陛下……"

"所以呢？我勇敢的泰伦齐？说下去。"

"如果您愿意对老臣多年的忠诚进行奖赏，"受到了皇帝鼓励的泰伦齐说道，"臣不追求高官显位，只想像普通人一样过安静的生活。陛下，老臣只希望您能慷慨地赏赐给我一些钱财，使我能够在自己的家园里平静地度过晚年。"

据传说，这个皇帝可是个小气的人，他只喜欢让别人为他敛财，让他给别人钱就不那么容易了。

皇帝沉默了好久，才终于开口问："泰伦齐，你想要多少钱才够用呢？"

"100万第纳尔银币。"泰伦齐毕恭毕敬地回答。

皇帝又沉默了，泰伦齐低着头默默地等待着。

"我勇敢的泰伦齐，"皇帝终于又开口了，"你是我最忠诚的大臣，是最伟大的战将，你理应受到最高的奖赏！好吧，我同意给你一笔钱！你先回去吧，明天中午再到这里来，我将宣布我的决定。"

泰伦齐行过礼后，恭恭敬敬地退了出去。

次日，泰伦齐准时来见皇帝。皇帝说："我亲爱的泰伦齐，祝贺你！"

"陛下，感谢仁慈的您答应了我的请求。"泰伦齐深深地施礼。

皇帝说："像你这样功高盖世的战将，我希望能给你的越多越好。在我的国库里存着500万枚阿斯铜币（古罗马货币名，1枚阿斯铜币=$\frac{1}{5}$枚第纳尔银币）。现在，我允许你到国库里取1枚铜币，并把它拿回来放在我的面前。明天，你再去国库取1枚相当于2个阿斯的铜币回来，放在第1枚的旁边。第3天，取1枚相当于4个阿斯的铜币，第4天取价值8个阿斯的铜币，第5天是16个阿斯的……你可以每天都去国库，只是每次取的铜币的价值都要比前一天多1倍。只要你拿得动，拿多久都行，但只能用你自己的双手拿，不能接受别人的帮忙，直到你再也拿不动为止。然后你已经拿到的所有铜币都归你，作为你的养老钱。明天开始会有工匠每天为你铸造足够大小的铜币，现在你可以去国库拿第一枚铜币了。"

泰伦齐一字一句地听着，越听越兴奋，就好像他已经得到了一笔巨大的财富一样。

"感谢您赐予我如此丰厚的奖赏，我的仁慈的陛下。"泰伦齐退出宫殿，赶去国库了。

国库离宫殿很近，泰伦齐每天到国库去，取回那枚为他特意铸造的铜币。开始的几次，泰伦齐非常轻松。

第1天的那枚价值1个阿斯的铜币直径只有21毫米，重量大约5克。第2、3、4、5、6天取回的铜币，是第1天那枚铜币的2、4、8、16、32倍。这些重量对于大将来说不算什么。

第7天的铜币直径为$8\frac{1}{2}$厘米（85毫米），重量相当于今天的320克；第8天的铜币已经重达640克，相当于第1枚铜币的128倍了，直径也变成了$10\frac{1}{2}$厘米；到了第9天，铜币直径变成了13厘米，重量超过$1\frac{1}{4}$千克，是第1枚铜币的256倍了……第12天的时候，铜币的直径已经是27厘米了，重量也达到了$10\frac{1}{4}$千克。

就这样，一天又一天，皇帝一直用亲切的目光关注着自己的大将，直到第12天，他甚至有些无法抑制自己的喜悦了。

国库离他的宫殿并不远，他每天都从头到尾地关注着泰伦齐的一举一动。他亲眼看到，整整12天过去了，他的大将一共才拿走了2 000多一点的铜币。

第13天，泰伦齐从国库取出来的铜币已经是第1枚的4 096倍了。直径达到了34厘米，重量达到了$20\frac{1}{2}$千克。

第14天，铜币已经沉重得令大将吃力了，它有41千克重、42厘米宽。

"累不累啊，我亲爱的泰伦齐？"

"不，"泰伦齐擦擦额头上密密的汗水，皱着眉头答道，"臣还拿得动。"

第15天的时候，铜币的直径已经达到53厘米，超过了半米，重量也达到了80千克，是第1枚的16 348倍。泰伦齐不得不把它扛在肩膀上，艰难地扛到皇帝面前。

第16天，泰伦齐摇摇晃晃地扛着那枚直径达到67厘米、重量达到164千克的硬币来见皇帝。他已经一点力气都没有了，气都已经喘不过来了，毕竟那枚硬币已经是第1枚的32 768倍了。皇帝终于露出了那掩饰不住的笑容。

第17天，泰伦齐是滚着那枚硬币来到皇帝面前的，因为他连扛也扛不动了。这枚硬币的直径已经是84厘米，重量达到了328千克，是第1枚硬币的65 536倍了，他的狼狈相惹得别人哄堂大笑。

第18天，泰伦齐最后一次到国库去。这是他拿到的财富最多的一天，也是他的发财梦破灭的一天。这一天，面对一个直径大于1米、重量达到628千克的大铜币，他连滚都滚不动了。为了挪动这枚相当于第1枚铜币131 072倍的大铜币，他不得不用自己的长矛当杠杆，使出了吃奶的力气，才算勉强把这枚硬币滚到了皇帝面前。

"够了，我一点力气也没有了。"泰伦齐筋疲力尽地嘟囔着。

皇帝看到事情按照自己的设想圆满地走到了最后，忍不住心花怒放。他当即命令国库官计算出泰伦齐搬出的铜币的总价值。很快，结果出来了。国库官前来汇报：

"尊敬的陛下，在您的恩德护佑下，我们的常胜大将泰伦齐一共获得了262 143个阿斯的奖赏。"

小气的皇帝"慷慨"地宣布将价值262 143个阿斯的硬币赏赐给泰伦齐。事实上这还不到泰伦齐所请求的100万第纳尔的$\frac{1}{20}$。

泰伦齐带着这份奖赏沮丧地回家养老了。那么我们来计算一下国库官计算的结果到底是否正确。

日期	铜币价值	重量	日期	铜币价值	重量
1	1 阿斯	5 克	10	512 阿斯	2.56 千克
2	2 阿斯	10 克	11	1 024 阿斯	5.12 千克
3	4 阿斯	20 克	12	2 048 阿斯	10.24 千克
4	8 阿斯	40 克	13	4 096 阿斯	20.48 千克
5	16 阿斯	80 克	14	8 192 阿斯	40.96 千克
6	32 阿斯	160 克	15	16 384 阿斯	81.92 千克
7	64 阿斯	320 克	16	32 768 阿斯	163.84 千克
8	128 阿斯	640 克	17	65 536 阿斯	327.68 千克
9	256 阿斯	1.28 千克	18	131 072 阿斯	655.36 千克

根据现有的规则，我们可以计算出"铜币价值"的一栏的总和是262 143阿斯。实际上这一栏的每个数都等于前面各数的总和再加上1。比如我们想算出"铜币价值"一栏中从1到32 768的各项之和，只要把32 768与前面各数之和相加，再减去1就可以了。写成算式是：32 768+32 768-1=65 535。

泰伦齐向皇帝请求的100万第纳尔，相当于500万阿斯。他实际得到的只是他所请求的大约$\frac{1}{19}$。

计算式为：$262\,143 \div 5\,000\,000 \approx \frac{1}{19}$。

2. 惊人的繁殖

罂粟成熟时，头上会长满密密麻麻的种子。如果每一粒种子都能种出一株新的罂粟，那么每株成熟的罂粟能繁殖出多少株新的罂粟呢？这得数出每株罂粟头上有多少粒种子才行。这可是件麻烦活儿，但还好，这是件有趣的工作，值得付出一点耐心坚持做完。你会发现，它竟有3 000颗（粗计）那么多！

然后会怎样呢？很简单，只要在这株罂粟周围有一块足够大的、适合罂粟生长的土地就可以了，第2年夏天，这株罂粟就会将这块土地变成一片罂粟田，会有3 000株罂粟从这里生长出来！

　　接下来，每株罂粟都会生出至少1个罂粟头，当然，往往是多个。每个罂粟头又分别生有3 000颗左右的种子，并生长成3 000株新罂粟。又是一年过去，我们的这块土地上将拥有的罂粟株数就大约达到3 000×3 000＝900万株。

　　你瞧，小小的一株罂粟，繁殖能力简直超乎我们的想象。3年的时间，它会变成9 000 000×3 000＝270亿株。第4年的时候就会发展到27 000 000 000×3 000＝81万亿株！第5年，恐怕整个地球都要为它让出地盘了，因为它的数量简直已经不可思议：81 000 000 000 000×3 000＝24.3亿亿株！要知道，地球上所有大陆和岛屿加在一起的总面积也只不过1.35亿平方千米（135万亿平方米），这只是我们刚刚计算出的罂粟数量的大约$\frac{1}{2\,000}$。

　　现在你该知道，如果罂粟的每粒种子都顺利地变成新的植株是多么可怕了吧？仅是1株罂粟就能让它的后代在5年的时间里霸占地球上的全部陆地，密度是2 000株/米^2。在这之前你是否意识到一颗小小的罂粟种子竟然能制造这么恐怖的数字？

　　我们放弃罂粟，试着用另一种结籽比较小的植物来进行一下类似的计算，结果会是一样的，只不过它的后代霸占地球的时间会比5年长一些。比如蒲公英。

　　有些蒲公英每年能产200颗种子，但大多数是100颗左右。我们以100颗为例，假如每一颗都能长成新的一株，它们的生长繁殖速度会是这样的：

年份	数量／株
第 1 年	1
第 2 年	100
第 3 年	10 000
第 4 年	1 000 000
第 5 年	100 000 000
第 6 年	10 000 000 000
第 7 年	1 000 000 000 000
第 8 年	100 000 000 000 000
第 9 年	10 000 000 000 000 000

从上表可以看出，第9年的时候，1株蒲公英的后代总数将是1亿亿株，这个数字是地球陆地总面积的70倍，它们将以70株/米²的密度遍布全球。

但你一定觉得奇怪，这么恐怖的事情为什么从来没有发生过？原因很简单，并不是每一粒种子都能独立生存。它们中的绝大多数还没活到发芽就死掉了；有的落到错误的土地上，无法生根；也有的生根后刚要发芽，就被别的植物排挤掉了；还有一些，干脆就被动物们破坏了。这些伤害虽然在我们看来微不足道，但是对于种子们来说是大规模的、毁灭性的破坏。"破坏"的存在甚至是必然的，不然，每种植物都有机会在很短的时间内统治地球。

不仅是植物有这种能力，动物也是一样的。如果所有的动物都不会死亡，那么任何一种动物都有能力使它的后代在一定的时间里遍布全球。那会是一种什么样的景象呢？想想铺天盖地的蝗虫群就知道了。动物的生长繁殖速度靠死亡来约束，植物也是一样。如果没有死亡，那么最多二三十年的时间，地球上就会密布着无法穿越的森林和草地，熙熙攘攘的动物比肩接踵拥挤不堪，我们人类也夹杂其中，为了争夺一处立锥之地，激烈的斗争不断。海洋里鱼虾密集，船只也无法经过，天空中充满了密密麻麻的鸟类和昆虫，碧水蓝天成为神话……

我们来说几件真实的事情，都是关于动物在适宜的条件下异常高速繁殖导致的灾难。就以这些作为本文的结束吧。

麻雀在我们国家是很普遍的，但美国最早的时候没有。为了消灭害虫，美国从国外引进了麻雀。麻雀是捕食虫类的能手，美国人引进麻雀后把它放进花园与菜园。麻雀们很喜欢这个新环境，因为作为一个外来户，它们在美国没有天敌。

在如此优越的条件下，麻雀在美国迅速繁殖起来，有害的昆虫越来越少，但当昆虫的数量不足以喂饱迅速繁殖的麻雀时，植物遭了殃，它们开始大肆地破坏庄稼。麻雀的势力越来越大，在夏威夷群岛，它们甚至把其他小型鸟禽全部都排挤掉了。

美国人不得不同麻雀展开斗争，并为此付出了巨大的代价。因为这件事，美国后来还专门制定了法令，禁止再引进任何类似的动物。

另一件事情来自于澳大利亚。澳大利亚被欧洲人发现的时候是没有家兔的。到了18世纪末，家兔被引进澳大利亚，同样是在没有天敌的环境中，家兔得到了迅速的繁殖，没用多久就遍布了整个澳大利亚。

家兔数量的大量增长为澳大利亚的农业带来了巨大的灾难，澳大利亚人不得不投入巨大的人力物力，并采取坚定有效的措施去阻止它的漫延。因为引进家兔威胁农业生产的类似悲剧在其后也曾发生在加利福尼亚。

牙买加岛人曾经的惨痛经历也令人反思。牙买加岛上曾经毒蛇横行，人们为此专门引进了它的天敌——食蛇鹫。

这个办法果然有效，毒蛇越来越少了，但岛上的田鼠却出人意料地大量增殖。原来，毒蛇是以捕食田鼠为生的。大量的田鼠几乎毁掉了岛上盛产的甘蔗，人们意识到必须将矛头对准田鼠了。于是，他们将4对印度獴引进了牙买加岛。

印度獴在不到10年的时间里帮助人们消灭了田鼠，同时在这片自由的土地上肆无忌惮地繁衍起来。当田鼠被吃光后，它们就开始吃一切能吃到的东西，雏鸡、小山羊、猪崽、家禽和禽蛋都成了它们的食物。然后又开始破坏果园、庄稼和种植场。

人们只好再一次将矛头指向自己曾经的"贵客"，但也只能做到尽可能限制它们的危害而已。

3. 占不到的便宜

为了庆祝中学毕业，10个学生到饭店聚餐。当服务员把菜端上来时，他们正在因为就座的问题展开争论。究竟是按姓氏、按年龄、按毕业成绩，还是按个头高低呢？服务员手中的菜已经凉了，他们还站着争论不休。

这时候，服务员决定帮助他们结束争论。他说："我亲爱的朋友们，听我说。大家先随便坐下，先听听我的意见。"

于是，同学们停止争论，随便坐下，听他怎么说。

"如果大家愿意，今天就按现在的次序就座。明天你们再来这里吃饭的时候，就换一种坐法。后天再来，就再换一种。这样每天换一次，直到把所有可能的坐法都坐过一遍。我向你们保证，等到哪天你们重新再坐回到今天的次序，我的饭店就从哪天开始对你们永远免费。你们觉得怎么样？"

这个建议让同学们非常高兴，于是决定每天都来聚会，把所有的坐法都坐一遍，这样就能尽早地开始享受免费待遇。

但遗憾的是他们没能等到这一天，便不得不因为升入新的学校而各奔东西了。这并不是因为服务员食言，而是10个人能够排成不同次序的方法简直太多了，它居然有3 628 800种之多！3 628 800到底意味着什么？它意味着大约1万年！

也许你会对这个结果感觉到不可思议，那么我们不妨一起来计算一下。

首先，我们先来简单练习一下计算排列的数目。就从三个物体开始吧，我们假设这三个物体是A、B、C。

3个物体有多少种排列方法？我们来思考一下：如果将C拿开，A和B的排列方法只有2种。将C分别加入A和B的2种排列方式之中，方法各有3种。也就是把C放在A和B的前面、后面和中间。当然对于C来说，也没有更多的摆放位置了。

在3个物体中，A和B的排列方法有2种，每1种又分别能和C有3种不同的排列。因此3个物体共有种排列。

我们再来计算一下4个物体的排列。假设这4个物体是A、B、C、D。先把其中的任意一个物体拿开，比如D。A、B、C的排列方法有6种，将C分别加入到这6种排列之中，方法各有4种。也就是把D放在ABC的后面、ABC的前面、AC之间、BC之间。可见4个物体中的排列方式有$6 \times 4 = 24$种，在这个算式中，$1 \times 2 = 2$，$2 \times 3 = 6$，$6 \times 4 = 24$，也就是说$1 \times 2 \times 3 \times 4 = 24$。

使用同样的思路，我们就可以很容易地知道5种物体的排列方法有$1 \times 2 \times 3 \times 4 \times 5 = 120$种。

那么现在我们把思路回到10位聚餐的学生身上来，10个人的排列方法有多少种？用我们刚刚得到的规律完全可以计算出来：

$$1 \times 2 \times 3 \times 4 \times 5 \times 6 \times 7 \times 8 \times 9 \times 10 = 3\ 628\ 800\ 种$$

现在，我们给这道题加一些难度，比如假设10个学生中有5名是女同学，而且他们想要男女交替就座，又有多少种排列方法呢？在这种条件下，结果肯定会比3 628 800种要少一些，但计算过程的难度增加不少。

我们先让1名男同学随便选一个位置坐下，椅子一共有10把，所以他有10种坐法。接下来，其他4名男同学每隔一个位置坐1名。这可以有$1×2×3×4=24$种坐法。所以5名男同学一共有$10×24=240$种坐法。

接下来看5名女同学，根据前面我们的研究可知，她们的坐法有$1×2×3×4×5=120$种。

将5名男同学和5名女同学的坐法结合在一起，可以计算出10名同学男女交替就座的方法共有$240×120=28\,800$种。

这个数字显然比$3\,628\,800$要小得多了。但即使是这样，每天换一种坐法，也大约需要79年。就算10名同学每天去吃，恐怕也得等到快要成为百岁老人才能享受到免费待遇，到那时，如果那位服务员已经无法为他们端盘子，这个承诺就得由他的后代来负担了。

关于排列的话题，我们讨论到这里似乎应该告一段落了。最后，我们大家再来计算一道来自校园生活的题目，算为这一小节的结尾。

一个班级里共有25名学生，他们有多少种坐法？

如果你仔细地思考并理解了前面我们探讨的内容，解答这个题目并不难。是的，它是从1到25这25个数的积：

$$1×2×3×4×5×6×\cdots×23×24×25$$

数学是一门奇妙的学科，它帮助我们减轻许多计算的负担。但对于这样的阶乘运算来说，它却无力分担我们的麻烦，除了用心地去乘，没有别的办法，最多只能把乘数适当地进行分组。

不论怎样，我们必须计算出它的答案，结果是惊人的，它的大小完全超出了我们的想象：

$$15\,511\,210\,043\,330\,985\,984\,000\,000$$

这算得上是我们遇到的最大的一个数字了，将它称为"数字巨人"丝毫不足为过。就算地球上全部的海洋都化成最细小的水滴，那水滴的数目同这个数字比起来，也算得上是小巫见大巫了。

数的难题

1.7 个数字

将1、2、3、4、5、6、7这7个数字用加减号列成结果是40的算式，这很容易：12+34-5+6-7=40。但如果把得数变成55，你还能做到吗？

2.9 个数字

这里有9个数字：1、2、3、4、5、6、7、8、9。请你用加减号把它们列成一个算式，使结果等于100，前提是，不准改变数字的顺序。

你可以用6个加减号：12+3-4+5+67+8+9=100；

也可以只用4个加减号：123+4-5+67-89=100；

还可以只用3个加减号，这当然有些困难，但只要有些耐心，是可以做到的。

你有没有兴趣试一下？用3个加减号，把这9个数字列成一个算式，使结果等于100。

3.5 个 2

给你5个同样的数字2，再给你任意几种数学运算符号。你能不能把你所有的这5个2用数学运算符号列成算式，使结果分别等于5、11、12 321？

4. 不同的结果

还是上一题的条件，5个2和一些数学运算符号，使结果等于28。

5.4 个 2

这道题只有4个2，却奥妙无穷。你认为，用4个2列出一个算式，使结果等于111，这行得通吗？

6. 5 个 3

用5个3列出结果为100的算式，这难不倒你：$33 \times 3 + \frac{3}{3} = 100$。

但如果要求的结果是10，你还能做得到吗？

7. 表示 37

5个3和一些数学运算符号，请你用同样的方法写出结果为37的算式。

8. 4 个 3

用4个3来表示12非常容易：3+3+3+3=12。但如果用4个3来表示15和18显然就不那么容易了：

$$（3+3）+（3 \times 3）=15；　（3 \times 3）+（3 \times 3）=18$$

现在我们用同样的条件来表示5，你能否想到$\frac{3+3}{3}+3=5$这样的算式呢？

现在，请你试一试用4个3列成结果分别是1、2、3、4、6、7、8、9、10的算式吧。关于5，我们已经说过，就不用再计算了。

9. 4 个 4

你是否顺利解答了上面一道题呢？对于这类题目你是否喜欢？如果你有兴趣的话，再来试试用4个4列出结果为从1到10的各式吧。这可比上一题简单多了。

10. 4 个 5

用4个5和一些运算符号来列出结果为16的算式，能做到吗？

11.5 个 9

这次是5个9，要求结果是10。方法至少要2种。

12. 等于 24

用3个8表示24，这简直不值一提：8+8+8=24。但你能不能用其他3个同样的数字来表示24？不止一个答案。

13.3 个同样的数

用3个5表示30：5×5+5。换其他的数字来试，还能做到吗？请你试一下，用其他3个同样的数字来表示30，我相信你会发现多个答案的。

14.8 个和 1 000

这次是8个。用8个同样的数字和一些符号列出结果是1 000的算式。

15.3 行奇数

这里有3行数字，你照原样抄在纸上：

$$1 \quad 1 \quad 1$$
$$7 \quad 7 \quad 7$$
$$9 \quad 9 \quad 9$$

用笔把其中的6个数字划掉，将剩下的3个数字列成结果为20的算式。

16.5 行奇数

这道题是5行数字，一共15个奇数。请你再来试一试吧：

$$
\begin{array}{ccc}
1 & 1 & 1 \\
3 & 3 & 3 \\
5 & 5 & 5 \\
7 & 7 & 7 \\
9 & 9 & 9
\end{array}
$$

用笔把其中的9个数字画掉，使剩下的6个数字之和为1 111。

17. 照镜子

19世纪一共有100年。那么其中的哪一年，如果让它去照镜子，镜子里的它会变成原来的$4\frac{1}{2}$倍？

18. 2个整数

有2个整数相乘后的积是7，它们是哪2个？

一个小提示：看好它们都是整数，所以，像$3\frac{1}{2}\times2$或$2\frac{1}{3}\times3$之类的数字就不要写出来了。

19. 和比积大

有2个整数，它们的和比积还大。是哪2个？

20. 积和相等

还是2个整数，它们的积与和一样大。这又是哪2个数呢？

21. 质数和偶数

质数（也叫素数）是指那些只能被自身和1整除的自然数，这个概念相信大家都明白。当然也知道除了质数之外，其他自然数都是合数。需要你回答的是：偶数都是合数吗？或者说，偶数中有质数吗？

22. 3 个整数

有这样的3个整数，它们相乘后的积与相加后的和是相等的。你能找出它们吗？

23. 奇妙的组合

你对这样2个等式一定记忆深刻：2+2=4，2×2=4。是的，2和2是唯一一对和与积相等的相同整数。但你知道吗？其实在数字王国中有很多奇妙的组合，它们并不是相同的数，但也可以两两相加与相乘的结果相等。

我希望你能试着去找一下，为了不令你感觉到茫然，我可以给你透露一个小小的消息：这样的数有很多，它们也许在整数里，也许不是呢？

24. 积与商

2个数，大的除以小的得到的商，与它们的积相等。你知道是哪2个数吗？

25. 1 个两位数

2个数字组成了1个两位数。用这个两位数除以组成它的2个数字之和，得出的结果还是这2个数字之和。请问这两个数字分别是几？

26. 积是和的 10 倍

12和60是一对有趣的数字。它们的积是和的10倍：

$$12 \times 60=720 \quad 12+60=72$$

我相信你还能再找出一对与它们有同样特性的数字来，也许你能找到的甚至不止一对呢！

27. 最小的正整数

你知道最小的正整数吗？如果让你用2个数字来表示它呢？

28. 9 个数字

有这样一个分数式：$\dfrac{6\,729}{13\,458}$。在这个分数式中，你能找到1、2、3、4、5、6、7、8、9这9个数字，并且每个数字都只出现了1次。简单计算一下，可知它的值是$\dfrac{1}{2}$。

你能不能同样用这9个数字，用与上面的分数式同样的方法（即每个数字只用1次），分别写出值为$\dfrac{1}{3}$，$\dfrac{1}{4}$，$\dfrac{1}{5}$，$\dfrac{1}{6}$，$\dfrac{1}{7}$，$\dfrac{1}{8}$，$\dfrac{1}{9}$的分数式呢？

29. 替换星星

一位同学用粉笔在黑板上演算乘法，算好后，他用黑板擦擦掉了一些数字，现在黑板上只剩下下面这些了。画星号的部分就是被他擦掉的。你能把这个算式中的星星换成正确的数字吗？

$$
\begin{array}{r}
2\,3\,5 \\
\times\quad *\,* \\
\hline
\,\,*\,* \\
+\,*\,*\,*\,* \\
\hline
\,\,5\,6\,*
\end{array}
$$

30. 补空位

这又是一道补空位的题。下面的算式中，几乎一大半的数字都是用星号补齐的。如果你愿意，我看你还是把它们都换成正确的数字吧。

$$
\begin{array}{r}
\,1\, \\
\times\quad .\,3\,*\,2 \\
\hline
\,3\, \\
3\,*\,2\,* \\
+\,*\,2\,*\,5 \\
\hline
1\,*\,8\,*\,3\,0
\end{array}
$$

31. 谁与谁相乘

这也是一道类似的题目。请你帮忙弄清楚下面的乘式是谁与谁相乘，运算过程与结果又是怎样的。

```
        * * 5
    ×   1 * *
  ─────────────
        2 * * 5
      1 3 * 0
  + * * * *
  ─────────────
      4 * 7 7 *
```

32. 9 个数的乘式

这次是一道奇妙的乘法算式：48×159=7 623。数字1至9组成了这个算式，每个数字也是只出现了一次。你觉得这样的乘法算式还有吗？如果有，那就请你举几个例子给我们看看吧。

33. 猜点点

下面这道除法算式看上去有些古怪，没有数字，全都是点点，就连被除数和除数都没写出来。我们只有一个提示：商的倒数第2个数字是7。现在需要你把这道除法题的结果计算出来。答案是唯一的。

34. 不完整的除法

还是请你把下面算式中的星星换成正确的数字吧：

```
              1 * *
* * * ) * 2 * 5 *
        * * *
        * 0 * *
        * 9 * *
          * 5 *
          * 5 *
              0
```

35. 被 11 整除

有没有这样的九位数，它能被11整除，并且它的9个数字互不相同？如果你能找到一些，请帮我写出一个最大的和一个最小的。

36. 数字三角

在图65中画着一个三角形，它由9个圆圈组成。我们准备了从1到9一共9个数字，请你把这9个数字分别安排进9个圆圈里，并使每条边上的数字加起来都等于20。

37. 填圆圈

图66看上去和图65一模一样，但要求是不一样的。现在的要求是：请你把1至9一共9个数字分别安排进9个圈里，使每条边上的数字加起来都等于17。

图 65

图 66

38. 2 个正方形

图67由2个正方形组成。

现在我们把顶点和各边的交点处各摆了一个圆圈，请你把1至16共16个数字分别放进这16个圆圈里，要求是正方形每条边上的数字之和都是34，顶角的数字和也是34。

39. 边与顶点

图68中画着1个六角星，它的每个顶点和各边的交点处都分别画有1个圆圈。如果你仔细观察一下就会发现，它的每条边上的数字之和都是一样的：

不一样的是：这个六角星顶点上的数字之和并不与之相同：4+11+9+3+2+1=30。请你把各圆圈中的数字排列进行一下改变，要求是不仅要使各边的数字总和仍旧等于26，还要使顶点的数字之和也等于26。

图 67　　　　　　　　　　图 68

40. 直径上的数字

这里有9个数字：1、2、3、4、5、6√7、8、9。在图69中画有1个轮盘形状的图案，仍旧有我们熟悉的圆圈圈。请你把这9个数字分别填进9个圆圈里，像圆圈的摆列位置那样，1个数字填在正中间，另外8个数字分别填在4条直径的两端。你必须遵守的规则是：使每一条直径上的3个数字之和等于15。

41.13 个方格

这是本章的最后一道题，图70中画着1个图案，你可以把它看成一把三齿耙或别的什么，这不重要。我为你准备了13个数字：1、2、3、4、5、6、7、8、9、10、11、12、13，请你把它们分别填在图中的13个方格子里，使图中标记为Ⅰ、Ⅱ、Ⅲ的3行与标记为Ⅳ的1个竖列上的数字之和全部相等。

图 69   图 70

揭秘：你的答案正确吗

1. ☆7个数字

这道题有3个答案，它们分别是：

$$123+4-5-67=55；$$
$$1-2-3-4+56+7=55；$$
$$12-3+45-6+7=55。$$

2. ☆9个数字

用数字1至9和3个加减号表示100，符合题意的只有一个答案：$123-45-67+89=100$，除此而外没有其他正确答案。对于这道题目来说，3个加减号已经是极限，少于3个加减号的结果是不存在的。

3. ☆5个2

用5个2表达数字15，答案有6种，分别是：

$$(2+2)^2-\frac{2}{2}=15；\qquad (2\times2)^2-\frac{2}{2}=15；$$

$$2^{(2+2)}-\frac{2}{2}=15；\qquad \frac{22}{2}+2\times2=15；$$

$$\frac{22}{2}+22=15；\qquad \frac{22}{2}+2+2=15。$$

用5个2表达数字11，答案是：$\frac{22}{2}+2-2=11$。

用5个2来表达一个五位数12321，这似乎不太可能，但它的确是有解的：$\left(\frac{222}{2}\right)^2=111^2=111\times111=12\ 321$。

4. ☆不同的结果

用5个2表示28：$22+2+2+2=28$

5. ☆4个2

用4个2表示111：$\dfrac{222}{2}=111$

6. ☆5个3

用5个3写出的结果为10的算式是：$\dfrac{33}{3}-\dfrac{3}{3}=10$。

这是一道奇妙的题目，不仅仅是3，从1到9中的任何一个数字，都可以用5个同样的来表达10：

$$\dfrac{11}{1}-\dfrac{1}{1}=\dfrac{22}{2}-\dfrac{2}{2}=\dfrac{33}{3}-\dfrac{3}{3}\cdots\cdots=\dfrac{77}{7}-\dfrac{7}{7}=\dfrac{88}{8}-\dfrac{8}{8}=\dfrac{99}{9}-\dfrac{9}{9}=10$$

就这道题本身而言，其实还有另外一个解法：

$$\dfrac{3\times3\times3+3}{3}=10$$

7. ☆表示37

用5个3表示37的算式有2个：$33+3+\dfrac{3}{3}=37$和$\dfrac{333}{3\times3}=37$。

8. ☆4个3

这道题的答案分别是：

$$1=\dfrac{33}{3}（这并非唯一的方法）$$

$$2=\dfrac{3}{3}+\dfrac{3}{3}$$

$$3=\dfrac{3+3+3}{3}$$

$$4=\dfrac{3\times3+3}{3}$$

$$6=（3+3）\times\dfrac{3}{3}$$

$$\cdots\cdots$$

就这几个吧，其他的留给你自己动脑筋。

即使是我已经写出的这些，也可以有其他的答案。

9. ☆4个4

$1=\dfrac{44}{44}$（或$\dfrac{4+4}{4+4}$、$\dfrac{4\times4}{4\times4}$……）	$6=\dfrac{4+4}{4}+4$
$2=\dfrac{4}{4}+\dfrac{4}{4}$（或$\dfrac{4\times4}{4+4}$）	$7=4+4-\dfrac{4}{4}$（或$\dfrac{44}{4}-4$）
$3=\dfrac{4\times4-4}{4}$（或$\dfrac{4+4+4}{4}$）	$8=4+4+4-4$（或$4\times4-4-4$）
$4=4+4\times（4-4）$	$9=4+4+\dfrac{4}{4}$
$5=\dfrac{4\times4+4}{4}$	$10=\dfrac{44-4}{4}$

10. ☆4个5

本题只有一个解：$\dfrac{55}{5}+5=16$

11. ☆5个9

用5个9列出结果为10的算式，让我为你提供2个答案吧：

$$9+\dfrac{99}{9}=10;\quad \dfrac{99}{9}-\dfrac{9}{9}=10$$

如果你对指数有所了解，还可以看看下面这2个答案：

$$\left(9+\dfrac{9}{9}\right)^{\frac{9}{9}}=10;\quad 9+99^{(9-9)}=10$$

12. ☆等于24

先来试试3个2：$2^2+2=24$；

再试试3个3：$3^3-3=24$

13. ☆3个同样的数

用3个6表示30：$6\times6-6=30$；用3个3表示30：$3^3+3=30$。

14. ☆8个和1 000

用8个8表示1 000：$888+88+8+8+8=1\,000$

15. ☆3行奇数

按下面的方法划掉6个数（划掉的用0代替）：

0	1	1
0	0	0
0	0	9

留下的3个数字是1、1、9，用这3个数字列成的结果等于20的算式是：11+9=20。

16. ☆5行奇数

这道题可不止一种解法。我还是举几个例子，更多的就要靠你自己开动脑筋了。

第1种	第2种	第3种	第4种
100	111	011	101
000	030	330	303
005	000	000	000
007	070	770	707
999	900	000	000
111	111	111	111

17. ☆照镜子

大多数数字在镜子里会改变方向，只有0、1、8这3个数字不会改变，所以我们所要找出的答案肯定是由这3个数字组成的。

如果你仔细读一下题目，就会找到一个重要的提示：这一年处于19世纪，这让我们肯定答案的前2位一定是18。只要稍加考虑，或者进行几次适当的尝试，你就可以得到1818这个答案。

1818在镜子里是8181，$8181 \times 4\frac{1}{2} = 1\,818$。

18. ☆2个整数

一对任性的答案：1和7。没有其他。

19. ☆和比积大

这种组合太多了，我来随便写2个：

3和1：$3 \times 1 = 3$；$3 + 1 = 4$

10和1：$10 \times 1 = 10$；$10 + 1 = 11$

有没有发现秘诀？秘诀就是：2个数中只要其中一个是1，另一个随便是什么都可以.这是因为一个数乘以1，得数不变；而加上1，得数就会增加1。

20. ☆积和相等

答案也是唯一的：2和2。

21. ☆质数和偶数

偶数并非全是合数，偶数中有一个质数，也只有这一个，那就是2。

22. ☆3个整数

这3个整数是1、2、3，它们的积与和相等。

$$1+2+3=6；1 \times 2 \times 3=6$$

23. ☆奇妙的组合

这种组合非常多，比如下面这些，都可以两两相加与相乘结果相等。

3和$1\frac{1}{2}$	$3+1\frac{1}{2}=4\frac{1}{2}$	$3 \times 1\frac{1}{2}=4\frac{1}{2}$
5和$1\frac{1}{4}$	$5+1\frac{1}{4}=6\frac{1}{4}$	$5 \times 1\frac{1}{4}=6\frac{1}{4}$
9和$1\frac{1}{8}$	$9+1\frac{1}{8}=10\frac{1}{8}$	$9 \times 1\frac{1}{8}=10\frac{1}{8}$
11和1.1	$11+1.1=12.1$	$11 \times 1.1=12.1$
20和$1\frac{1}{20}$	$20+1\frac{1}{20}=21\frac{1}{20}$	$20 \times 1\frac{1}{20}=21\frac{1}{20}$
101和1.1	$101+1.1=102.1$	$101 \times 1.1=102.1$

这仅仅是其中的几个，只要动动脑筋，你可以找出更多的。

24. ☆积与商

大数除以小数的商与积相等，符合条件的数字同样很多。举几个例子：

2和1	2÷1=2	2×1=2
7和1	7÷1=7	7×1=7
43和1	43÷1=43	43×1=43

25. ☆1个两位数

符合题意的两位数一定是一个完全平方数。两位数中有几个完全平方数呢？答案是6个。把它们一个一个地找出来按题意进行计算，很快你就会找到这个唯一的答案：81。

验算一下吧：$\dfrac{81}{8+1}=8+1$

26. ☆积是和的10倍

除了题目中的1组，这道题还有另外4组答案。它们是：11和110，14和35，15和30，20和20。验算一下看看：

$$11 \times 110=1\,210 \qquad 11+110=121$$
$$14 \times 35=490 \qquad 14+35=49$$
$$15 \times 30=450 \qquad 15+30=45$$
$$20 \times 20=400 \qquad 20+20=40$$

不知道你是否学过初等代数，如果是，解答这道题可能会简单些，因为你会更快找出这五组数字，并且十分清楚不可能会有更多。

27. ☆最小的正整数

有的人会脱口而出，答案是由1和0写成的10。错啦。别忘了最小的正整数是1。用2个数表示1，这并不是个难题：

$$\frac{1}{1}, \frac{2}{2}, \frac{3}{3}, \frac{4}{4}, \frac{5}{5}, \frac{6}{6}, \frac{7}{7}, \frac{8}{8}, \frac{9}{9}$$

如果你有代数基础就太好了，你可以明白下面的写法也是正确的，因为任何数（0除外）的0次方都等于1：

$$1^0, \ 2^0, \ 3^0, \ 4^0, \ 5^0, \ 6^0, \ 7^0, \ 8^0, \ 9^0$$

注意：千万不要把$\dfrac{0}{0}$或0^0当作答案拿出来，因为这根本是两个没有意义的算式。

28. ☆9个数字

我先来提供一组答案：

$\dfrac{1}{3} = \dfrac{5\ 823}{17\ 469}$	$\dfrac{1}{7} = \dfrac{2\ 394}{16\ 758}$
$\dfrac{1}{4} = \dfrac{3\ 942}{1\ 5768}$	$\dfrac{1}{8} = \dfrac{3187}{25496}$
$\dfrac{1}{5} = \dfrac{2\ 697}{13\ 485}$	$\dfrac{1}{9} = \dfrac{6\ 381}{57\ 429}$
$\dfrac{1}{6} = \dfrac{2\ 943}{17\ 658}$	

不要以为这是全部。不，这只是1种。你可以尽情地去寻找。你知道吗？仅$\dfrac{1}{8}$这1个，就有40种以上的答案呢。

29. ☆替换星星

先从得数中的6看起，它是线上同位数的2个星星之和，并且两个星星中下面的一个只能是0或5，所以上面一个也只能是6或1，那么到底是什么？经过简单的计算就会发现，无论被乘数的个位是几，它与被乘数的积的倒数第2位都不可能是6，因此这个位置只能是1，它的下面一定是5。于是算式变成了这样：

$$
\begin{array}{r}
2\,3\,5 \\
\times \quad *\,* \\
\hline
\,\,1\,* \\
+\ *\,*\,*\,5 \\
\hline
\,\,5\,6\,* \\
\end{array}
$$

接下来看乘数的最后1位。它与被乘数的积是四位数，所以它一定大于4，但绝对不是5，否则它与被乘数的积的倒数第2位就不会是1。那么用其他的几个数字试试，比如6，算式又变成了这样：

$$
\begin{array}{r}
2\,3\,5 \\
\times\qquad *\,6 \\
\hline
1\,4\,1\,0 \\
+\,*\,*\,*\,5 \\
\hline
\,\,5\,6\,0
\end{array}
$$

看来6是正确的。接下来用同样的思路，就可以逐渐复原整个算式：

$$
\begin{array}{r}
2\,3\,5 \\
\times\qquad 9\,6 \\
\hline
1\,4\,1\,0 \\
+\,2\,1\,1\,5 \\
\hline
2\,2\,5\,6\,0
\end{array}
$$

30. ☆补空位

为了看上去更有条理些，我们先把题目中的算式编上行号：

$$
\begin{array}{r}
\,1\, \quad\cdots\cdots1 \\
\times\qquad 3\,*\,2 \quad\cdots\cdots2 \\
\hline
\,3\, \quad\cdots\cdots3 \\
3\,*\,2\,* \quad\cdots\cdots4 \\
+\,*\,2\,*\,5 \quad\cdots\cdots5 \\
\hline
1\,*\,8\,*\,3\,0 \quad\cdots\cdots6
\end{array}
$$

然后我们就可以进行分析了。首先看第3行，个位的星号肯定是0。为什么呢？向下看，因为最终得数的个位是0。

现在就可以看第1行，也就是被乘数了。根据这个算式现有的数字可以分析出，第1行个位必须满足2个条件：乘以2得0，乘以3得5。很简单，是5。

接下来看第2行，也就是乘数，只有一个星号。它一定等于8，原因是被乘数后面2位是15，15×8=120，它只能是8，否则不可能得出以20为最后2位的数。至于末位是20的依据，仔细观察第4行就知道了。

第1行第1个星号很显然是4。因为除了4，谁也不可能与8相乘得出以3开头的积。

被乘数与乘数已经明确，想要把星号全部补齐，就只剩下最简单的计算了。结果是这样的：

$$
\begin{array}{r}
4\,1\,5 \\
\times\quad 3\,8\,2 \\
\hline
8\,3\,0 \\
3\,3\,2\,0\quad \\
+1\,2\,4\,5\quad\quad \\
\hline
1\,5\,8\,5\,3\,0
\end{array}
$$

31. ☆谁与谁相乘

这道题与上题的思路是一样的，你不妨再尝试一次。我可以把答案告诉你：被乘数是325，乘数是147。算式是这样的：

$$
\begin{array}{r}
3\,2\,5 \\
\times\quad 1\,4\,7 \\
\hline
2\,2\,7\,5 \\
1\,3\,0\,0\quad \\
+3\,2\,5\quad\quad \\
\hline
4\,7\,7\,7\,5
\end{array}
$$

32. ☆9个数的乘式

这道题并不难，难的是够不够细心。如果你足够仔细，甚至能想出9个答案来呢！

$12 \times 438 = 5\,796$；$42 \times 138 = 5\,796$；$18 \times 297 = 5\,346$

$27 \times 198 = 5\,364$；$39 \times 186 = 7\,254$；$48 \times 159 = 7\,632$

$28 \times 157 = 4\,396$；$4 \times 1\,738 = 6\,952$；$4 \times 1\,963 = 7\,852$

33. ☆猜点点

我们还是先把原题编一下行号，这样更方便我们进行分析：

　　首先我们来观察第2行，可发现这一行的数字向右移了2位，这说明商数的第2位是0。

　　现在我们设这道除法题的除数是x，观察第4行和第5行，会发现$7x$（商的倒数第2位与除数的积）不可能大于899。因为$7x$不可能被大于999的数字减，而它被这个数减后得出的差不小于100，所以它一定小于999与100的差，也就是小于899。继而计算出，x一定小于128。

　　再看第3行，这个数字一定大于900，否则它不可能被四位数减成不到两位数（观察第5行）。在这个基础上，我们就可以大概判断一下商的第3位数，它一定大于$900 \div 128$，也就是大于7.03。大于7.03的数字有2个，8或9。由算式可知，第1行和第7行都是四位数，现在可以确定，商的第3位数是8，末位是9。

　　题目要求我们找出这道除法题的计算结果，现在我们已经圆满完成了任务，这道除法题的商是90 879。

　　但是，我想就此给你更多的提示。那就是：这个算式的结果是唯一的，被乘数与乘数却不是唯一的。事实上，一共11对数字可以通过除法计算得出同样的结果90 879。它们是：

10 360 206 和 114	10 905 480 和 120
10 451 085 和 115	10 996 359 和 121
10 541 964 和 116	11 087 238 和 122
10 632 843 和 117	11 178 117 和 123
10 723 722 和 118	11 268 996 和 124
10 814 601 和 119	

34. ☆不完整的除法

　　星号已经全部换成数字了。是怎样推理出来的呢？留给你自己去想。

```
              1 6 2
      3 2 5 ) 5 2 6 5 0
              3 2 5
              2 0 1 5
              1 9 5 0
                6 5 0
                6 5 0
                    0
```

35. ☆被11整除

你知道什么数能被11整除吗？要看这个数的各偶数位（比如第2位、第4位、第6位等）之和，和各奇数位（比如第1位、第3位、第5位等）之和，二者相减得出的差是否等于0，或者是否能被11整除。如果差为0，或者差能被11整除，这个数就一定能被11整除。

我们来做个试验。比如23 658 904，这是个八位数。

它的第2、4、6、8位数字之和：3+5+9+4=21。

它的第1、3、5、7位数字之和：2+6+8+0=16。

两和之差（大减小）为：21-16=5

5不等于0，也不能被11整除，所以23 658 904不能被11整除。

再来试一个数字：7 344 535，这是个七位数。

$$3+4+3=10, \quad 7+4+5+5=21$$

两和之差为21-10=11。11不等于0，但能被11整除，因此7 344 535可以被11整除。

现在可以根据题目的要求来找出符合题意的答案了：一个能被11整除的九位数，9个数字各不相同。

我为你找到一个：352 049 786。你可以验算一下：

$$3+2+4+7+6=22, \quad 5+0+9+8=22$$

两和之差为22-22=0，这足以证明352 049 786可以被11整除。

我可以再告诉你一些细节：满足本题要求的数字最大的是987 652 412，最小的是102 347 586。至于其他的，要靠你自己动脑筋去找啦。

36. ☆数字三角

我已经把答案填在图71中了。实际上还可以有另外一些形式的答案，如果你有兴趣，把每条边中间的2个数字互换位置后再看看。

37. ☆填圆圈

看图72。我想说的和上面一样。

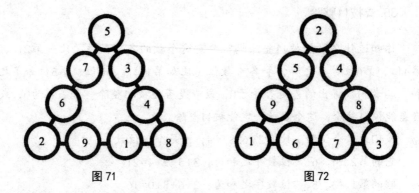

图 71　　　　　　　　　　图 72

38. ☆2个正方形

先自己思考一下，然后再看图73，你填对了吗?

图 73　　　　　　　　　　图 74

39. ☆边与顶点

　　我们需要的六角星，各顶点之和为26，六角星上全部的圈圈中的数字之和是78。由此我们可以知道，这个六角星的内六角形上全部的数字之和是78-26=52。

　　接下来观察一下这个六角形，你可以看出这里面有很多大三角形。随便锁定一个大三角形，它每条边上的数字之和都是26，把这3条边上的数字之和加在一起：26×3=78。这时候一定要保持清醒，别忘了这个78是把三角形的每个顶点的数字都加了2遍才得到的。

你一定发现，刚刚我们提到的内六角形上的全部数字都在这个大三角形上。我们用78-52=26，根据前面的分析，这是3个顶点上的数字之和的两倍。那么这个大三角形的3个顶点上的数字之和就是13。

现在可以知道，六角星的每个顶点都不能填12，也不能填1（原因自己想想）。那么就只需要从10开始试就好了，而如果你用10来试一个顶点，另外两个肯定是2或1。这样看起来，我们已经距离真相越来越近了。

不如由你来继续做下去吧？答案在图74。

40. ☆直径上的数字

图75是这道题的答案，每条直径上的数字之和都是20。

41. ☆13个方格

看看图76，每一行或列的数字之和都是25。

图 75　　　　　　　　　图 76

第十四章

算术的乐趣

1. 私人计算机

你已经把乘法口诀记牢了吗？如果还没有，那你在做与9有关的乘法时肯定得小心了。不如我来教你用十指进行运算吧！

平伸出两只手，轻轻放在书桌上，十指放松。瞧，你的手指已经变成了私人计算机。

现在我们要计算4×9。看看左数第4根手指。它左边有3根手指，右边有6根手指，你可以把它们读作36。答案出来了：4×9=36。

再来计算一个，比如7×9。这次看左数第7根手指。它的左边有6根手指，右边有3根手指。答案是：7×9=63。

那么9×9等于多少？左数第9根手指，左边有8根，右边是1根。当然等于81。

怎么样？不错吧？你的这部永远不会丢失的私人计算机能帮你准确地计算乘法口诀中的题目，并且从来不会搞错。比如6×9，它不会让你搞不清到底等于54还是56，它会一直告诉你左数第6根手指左边有5根手指，右边有4根，你再也不会算错：6×9=54。

2. 几根树枝几只寒鸦

这道题目来自于民间故事。

几只聒噪的寒鸦落在树枝上歇脚。如果每根树枝上落一只，就会有一只寒鸦无法歇脚。如果每根树枝上落两只寒鸦，就会有一根树枝上没有寒鸦。

飞来几只寒鸦？大树有几根树枝？

3. 兄弟姐妹

我来自于一个大家庭，我的兄弟姐妹很多。他们中的一半是我的兄弟，另一半是我的姐妹。但是，我的每个姐妹的姐妹数却只有兄弟数的一半。你猜一猜，我们家一共有几个兄弟姐妹？

4. 几个孩子

我的孩子也不少,男孩就有6个,并且每个男孩都有1个妹妹。你知道我一共有几个孩子吗?

5. 3 个鸡蛋

2个爸爸和2个儿子一起共进早餐。他们每人都吃了1个鸡蛋,却一共只吃了3个。这是为什么呢?

6. 优秀小组

一个耕作小组成绩突出。有人问组长:"你的小组一共有几个人?"组长回答说:"不多,我们的总人数比总数的多个人。"这个回答还真让人一时转不过弯儿来。你能猜出这个耕作小组的人数吗?

7. 祖孙三代

"老先生,请问您儿子的年龄是多少?"

"我的儿子吗?他的周数(每周7天)等于我孙子的天数。"

"那您孙子多大?"

"我的孙子嘛,他的月数和我的年纪一样大。"

"您老多大年纪?"

"我、我儿子、我孙子,我们三代人一共100岁。"

这位老先生一定是数学迷,你能猜出他这道数学题吗?

8. 姐姐还是哥哥

我想向你们介绍一下我的一个儿子和一个女儿。2年之后,我儿子的年龄就是他2年前年龄的2倍啦!而我女儿的年龄,还要再过3年才能达到她3年前年龄的3倍。你知道他们中比较大的是哪个吗?

9. 儿子的年龄

再说说我的另一个儿子，他的年龄是我的$\frac{1}{3}$。要知道在5年前，他的年龄还只不过是我的$\frac{1}{4}$而已。

你知道我的这个儿子今年多大了吗？

10.3 年后与 3 年前

我认识一位爱动脑筋的人，他回答问题的时候总是喜欢绕圈子。比如有人问他的年纪，他就会说："我的年龄是我3年后的年龄与3年前的年龄之差的3倍。"

还是你来算一算吧，他今年到底多少岁？

11. 可怜的叔叔

叔叔很多年没见过他的2个侄儿和3个侄女，以至于连他们今年几岁都不记得了。当他终于有时间来探望他们时，小牛带着小妹妹远远地迎了过去。

叔叔很高兴，问小牛："今年多大了？"小牛说："我已经是大孩子了！我的年龄是小妹的2倍呢！"

这时，爸爸领着二妹也赶到了。爸爸说："这2个女儿的年龄加在一起，正好是小牛的2倍。"

没过多久，大牛放学回来了。叔叔还没闹明白刚才3个孩子的年龄，孩子们的爸爸又对他说："我这2个儿子的年龄加在一起再除以2，恰好是2个女儿的年龄之和呢。"

叔叔还在心里算着，大姐回来了。她高兴地说："叔叔，您今天能来我真是太高兴了，今天是我的21周岁生日！"

爸爸又补充了一句："大女儿满21岁了，现在我3个女儿的年龄加在一起，恰好是这2个男孩年龄和的2倍了。"

可怜的叔叔还没有算好。为了让他赶快轻轻松松地参加大侄女的生日宴会，请你帮他算算孩子们的年龄吧。

12. 2 倍还是 3 倍

这是我在旅行途中的火车上听到的对话：

"这么说你加入工会的时间已经是我的2倍了？"

"是啊，不多不少，正好2倍。"

"但你以前不是说3倍的吗？"

"3倍？那是2年前说过的话吧？没错，那时候就是3倍。但现在已经是2倍了。"

请你想一想，他们参加工会已经多久了？

13. 每人几盘

3个人下棋，加在一起下了3盘，请问每人下棋的盘数。

14. 粗心的蜗牛

蜗牛说它要爬上15米高的树顶！可你知道它的速度实在令人担忧。况且蜗牛还有个弱点。它每天能爬5米高，晚上却睡得很沉，好像完全忘了一整天的辛苦，在睡梦中下落4米都不知道。照这样下去，它得爬上几个日日夜夜才能到达树顶？

15. 社员进城

有一位社员一大早进城去。前半程他坐着火车，所以用的时间不算多。如果走路的话，用的时间得是坐火车的15倍呢。可后半程没有火车可坐，他只好骑着牛往城里赶。骑牛比走路还慢呢，足足要慢上一半。像他这么走，到底能比用步行进城快多少呢？

16. 小马下乡

小马骑着自行车从城里下乡去，但从城里到乡下没有平坦的大路。最初的8千米是上坡路，后面的24千米是下坡路。小马一路没有休息，足足用了2小时50分钟才到达目的地。回来的时候，小马还是骑着自行车，中途也没有休息片刻，但返回城里却花了4小时30分钟。请你算算小马的上坡速度和下坡速度。

17. 苹果的问题

两个小朋友在讨论苹果的问题。一个说："把你的苹果给我1个的话，我的苹果数就是你的2倍了！"另一个说："那可不行！还是把你的苹果给我1个吧，那样咱俩的苹果就一样多了。"

你猜猜，他俩每人各有几个苹果？

18. 精装书皮

越简单越容易错，说的就是这道题。一本包着精装书皮的书，标价2.50元。如果你不想要精装书皮也可以，只买书的话，价格比精装书皮贵2元。你知道精装书皮的价格了吗？

19. 只买扣子

1条带扣子的皮带价值0.68元。如果只买皮带，比扣子贵0.60元。那么只买扣子要花多少钱？

20. 分蜂蜜

3个合作社一起买蜂蜜，一共买回7个满桶的蜂蜜和7个半桶的蜂蜜，还买了7个空桶。明天，他们就要把蜂蜜和桶全部平分开了。按照他们的想法，最好不要把蜂蜜从一个桶倒向另一个桶，这可增加了不小的难度。

究竟怎么分最方便呢？你也帮他们想一想，我相信你肯定能想出不止一个。不如多列出几个方法让他们好好挑一挑。

21. 猫的 $\frac{3}{4}$ 和 $\frac{3}{4}$ 只猫

小胖是个有爱心的孩子，经常会收留流浪猫，所以他们家总是同时养着好几只猫。但他不喜欢和同学们谈论他的猫，以免被人嘲笑。有一次，一个同学问他："你现在养了几只猫？"小胖说："我的猫一共有总数的 $\frac{3}{4}$ 加上 $\frac{3}{4}$ 只猫那么多。"同学们以为他在胡言乱语，不再提猫的事情了。可是难道他们没意识到小胖给他们出了一道很简单的算数题吗？

如果你觉得好奇，不妨算算看。

22. 100 枚邮票

一个人花五元钱买了100枚邮票。这100枚邮票共分三种面值：50分、10分和1分。他每一种面值的邮票各买了多少张呢？

23. 3 种硬币

有一个人去购物，找回42枚硬币，有1元的、10分的和1分的，一共4.65元。你能说出在这42枚硬币中每种硬币各有几个吗？答案一共有几种？

24. 选同色

左边抽屉里装着10双白袜子和10双花袜子，右边抽屉里装着10副白手套和10副花手套。现在你需要从中选出相同颜色的1双袜子和1副手套。题目是：如果不准用眼睛看，那么要从每个抽屉里随机取出几只袜子和几只手套才能符合要求？

25. 蛀虫吃书

你知道有一种专门喜欢蛀书的蛀虫吗？不论多厚的书，它都能一页一页地蛀透。

让我们看看图77，图中书架上放着2册厚书，它们的主人说，一只蛀虫从第1册书的第1页开始一直蛀到了第2册书的最后1页。图中的2本书每本有800页，请你思考一下，这只可恶的蛀虫一共蛀穿了几页书？

图 77

这道题的答案是极简单的，但我敢保证，它肯定不像你一开始看到的那么简单。

26.7 位好友

一位喜欢交友的先生有7个要好的朋友。每晚都去看他的是第1位，每2个晚上去看他一次的是第2位，第3位每3个晚上到他家去一次，每4个晚上去做客一次的是第4位……依次类推，第7位朋友每7个晚上拜访他一次。你觉得，他的这7位朋友能够经常在同一个晚上在他的家里相遇吗？

27. 难得的聚会

继续上面的一道题：终于有一天，7位朋友在主人家相遇了。主人很高兴，拿出最好喝的甜酒来招待他们，大家双双碰杯互相致意。你知道他们一共碰了几次杯吗？

揭秘：你的答案正确吗

2. ☆几根树枝几只寒鸦

第一次有1只寒鸦没有树枝，第二次有一根树枝上缺少2只寒鸦。也就是说，如果想让第二次的树枝上能全部站满寒鸦，就得比第一次的每根树枝上都多一只。答案已经很简单了：3根树枝，4只寒鸦。恰好符合题意：每枝1只寒鸦，有1只寒鸦没有树枝。每枝2只寒鸦，有1根树枝没有寒鸦。

3. ☆兄弟姐妹

一共有兄弟姐妹7人，其中包括4个男孩和3个女孩。每个男孩都有6个兄弟姐妹，3个兄弟3个姐妹，恰好各占一半。每个女孩都有2个姐妹和4个兄弟，姐妹的数目果真是兄弟的一半。

4. ☆几个孩子

你会不会不假思索地说有12个？还是思考一下的好。真实的答案是7个孩子，其中包括6个男孩和1个女孩。如果真的有12个，那么每个男孩怎么可能只有1个姐妹？那得是每人都有6个了。

5. ☆3个鸡蛋

一共只有3个人：爷爷、爸爸和儿子。爷爷和爸爸都是父亲，而爸爸和儿子都是儿子。

6. ☆优秀小组

耕作小组一共有3个人。比总数的$\frac{3}{4}$多$\frac{3}{4}$个人，那么总人数就应该是个人的4倍。很简单，结果是3。

7. ☆祖孙三代

题目中全部的已知条件是：儿子的年龄是孙子的7倍，爷爷的年龄是孙子的12倍。我们假设孙子1岁，那么儿子7岁，爷爷12岁，1+7+12=20。

祖孙三人的年龄总数是题中要求的$\frac{1}{5}$。那么假设孙子是5岁呢？当然儿子是35岁，爷爷是60岁。

$$5+35+60=100$$

可见正确答案是：孙子5岁，儿子35岁，爷爷60岁。

8. ☆姐姐还是哥哥

这是一对6岁的双胞胎。男孩2年后年龄是2年前的2倍，所以2年前男孩4岁，今年他的年龄是4+2=6岁。将6岁这个年龄按题意检验一下，你就会发现两个孩子一样大。

9. ☆儿子的年龄

已知今年儿子的年龄是父亲的$\frac{1}{3}$，5年前儿子的年龄是父亲的$\frac{1}{4}$。把这两个条件换个说法就是：父亲今年的年龄是儿子的2倍，5年前父亲的年龄是儿子的3倍。

父亲和儿子之间的年龄差是不变的，因此儿子今年年龄的2倍等于5年前年龄的3倍，或者说儿子今年的年龄是他五年前年龄的$1\frac{1}{2}$倍，5年的时间年龄增长了$\frac{1}{2}$，可见5年前儿子10岁，今年15岁了。

5年前儿子10岁时，父亲40岁。今年父亲45岁了，儿子15岁。

10. ☆3年后与3年前

这位爱动脑筋的人今年18岁。这道题最好不要用算术的方法去解，否则容易钻牛角尖。用方程式来计算是比较省力的。

我们假设这个人今年x岁，3年后是（$x+3$）岁，3年前是（$x-3$）岁。根据题意可以列出方程式：$3[(x+3)-(x-3)]=x$。解方程，$x=18$。

这个答案是否符合题意呢？验算一下就知道了：

$$3×21-3×15=63-15=18$$

这果然是正确的。

11. ☆可怜的叔叔

小牛的年龄是小妹的2倍，二妹与小妹的和是小牛的2倍。可见二妹与小妹的和是小妹的4倍，而二妹是小妹的3倍。

大牛与小牛的年龄和是二妹与小妹和的2倍，小牛是小妹的2倍，小妹与二妹的和是小妹的4倍。所以大牛与小妹的4倍的和是小妹的8倍，可知大牛是小妹的6倍。

现在我们知道：大姐21岁、2妹是小妹的3倍、小牛是小妹的2倍、大牛是小妹的6倍。

根据题意：3个女孩的年龄之和是2个男孩年龄之和的2倍。也就是说：

$$大姐+小妹×3+小妹=2×（小妹×2+小妹×6）$$

即：大姐+小妹×4=小妹×16。

可见大姐的年龄是小妹年龄的12倍。大姐今年21岁，小妹的年龄就是 $\frac{21}{12}=1\frac{3}{4}$ 岁。

正确的答案是：大姐21岁，二妹 $5\frac{1}{4}$ 岁，小妹 $1\frac{3}{4}$ 岁，大牛 $10\frac{1}{2}$ 岁，小牛 $3\frac{1}{2}$ 岁。

12. ☆2倍还是3倍

用方程式会很快得出这道题的答案呢，你不妨动手试一下。现在我把答案告诉你：两个人中的一个加入工会已经8年了，另外一个是4年。2年前，他们一个是6年，一个是2年，所以前者是后者的3倍。

13. ☆每人几盘

3个人下3盘，每人下1盘。肯定会有人这么想。但这么考虑就太欠周全了。每盘棋都需要2个人，如果每个人都只下1盘棋，那么第3个人与谁下棋？事实上，3个人（或者更多，只要是奇数）下棋，不可能每人只下1盘。

我们假设下棋的人是A、B、C，一共下了3盘，2个人下1盘棋，3盘棋的对阵双方就分别是：AB、AC、BC。

可见，在这3盘棋中，3个人的参与情况是：A与B、C各下1盘；B与A、C各下1盘；C与A、B各下1盘。

因此答案是，3个人下3盘棋，每个人下了2盘。

14. ☆粗心的蜗牛

有的人会错误地回答说：需要15个昼夜。如果这样想的话，就有些小看蜗牛了。蜗牛每个白天爬5米，夜里下落4米，实际上每个昼夜就只爬1米。这样的话，用10个昼夜就可以爬10米。而10个昼夜之后，只差5米就能到达树顶。我们知道蜗牛爬5米只需一个白天，所以在第11天的黑夜来临之前，蜗牛就能成功爬到树顶上了。

15. ☆社员进城

不会比步行更省时，甚至还浪费了不少时间呢。从题目中我们可以发现，后半程他骑牛所用的时间居然相当于步行走完全程的时间。那么他前半程就算是坐了火车，所用的时间也比步行用得多。那么多用的时间到底是多久呢？很简单，是他步行走完前半程所用时间的 $\frac{1}{15}$ 。

16. ☆小马下乡

小马往返的路程和所用的时间是这样的：

下乡：8千米上坡+24千米下坡，用时2小时50分

返程：24千米上坡+8千米下坡，用时4小时30分

返程时走的上坡路是下乡时上坡路的3倍。我们先把下乡的路程和时间乘以3，得出：

24千米上坡+72千米下坡，用时8小时30分。

用这个结果与返程的路程和时间进行一下对比，可以得出这样的结论：走64千米（72-8）下坡路用时4小时。

因此小马下坡的速度是：60÷4=16千米/时。

同样的思路，可以得出另外一个结果：小马上坡的速度是6千米/时。

这两个速度对不对呢？动手验算一下吧。

17. ☆苹果的问题

一个小朋友说如果对方给他一个苹果，他俩的苹果就一样多，这说明对方比他多2个苹果。我们想一下，如果是他给对方1个，对方的苹果数就是他的2倍，可见这时对方就会比他多4个苹果了。所以很显然，在这个时候，他有4个苹果，对方有8个。但在他把这个苹果给对方之前呢？他们各有几个苹果？

答案是：8-1=7个和4+1=5个。

根据题意检验一下。如果原本有7个苹果的小朋友把自己的苹果给另一个小朋友1个，两个人的苹果数会出现什么变化呢？

$$7-1=6；5+1=6$$

结果是相等的。可见符合题意的答案是7个和5个。

18. ☆精装书皮

很多人会脱口而出：精装封皮0.5元。但如果是这样，书本的价值就是2元，这只比书皮贵1.5元，不符合题目的要求。如果想使一本价值2.5元的精装书，书比封皮贵2元，只有一个答案：精装书皮0.25元，书2.25元。

19. ☆只买扣子

跟上面一题的思路一样，有些人会认为扣子的价值是0.08元，这也是不对的。因为如果是这样，皮带和扣子之间的差距就是0.52元，而不是题目要求的0.6元。符合题意的价值得出的结果是：扣子0.04元，皮带0.64元。

20. ☆分蜂蜜

首先确定一点，一共买回$7+3\frac{1}{2}=10\frac{1}{2}$桶蜂蜜和21个桶。现在，这道题突然变得简单多了。

每个合作社应该分到$10\frac{1}{2}×\frac{1}{3}=3\frac{1}{2}$桶蜂蜜和7个木桶。怎样分配呢？方案有2个：

分配方案	方案一			方案二		
	满桶	半桶	空桶	满桶	半桶	空桶
合作社Ⅰ	3	1	3	3	1	3
合作社Ⅱ	2	3	2	3	1	3
合作社Ⅲ	2	3	2	1	5	1

按照上面任何一个方案进行分配都可满足题意，你可以验算一下，看看它们是否准确。

21. ☆猫的 $\frac{3}{4}$ 和 $\frac{3}{4}$ 只猫

小胖所说的"猫总数的 $\frac{3}{4}$ 加上 $\frac{3}{4}$ 只猫"，可以让我们知道，$\frac{3}{4}$ 只猫就是猫总数的另外 $\frac{1}{4}$。所以猫的总数就是 $\frac{3}{4}$ 的4倍，即 $\frac{3}{4} \times 4 = 3$ 只。

你可以用小胖的说法来验证一下：3只的 $\frac{3}{4}$ 是 $2\frac{1}{4}$ 只，$2\frac{1}{4}$ 只加上 $\frac{3}{4}$ 只正好是3只猫。

22. ☆100枚邮票

这道题的答案是唯一的。面值50分硬币的只有1枚，面值10分的有39枚，面值1分的有60枚。

把它们的面值加在一起看看：50+390+60=500分=5元。
这恰好是题意的表达。

23. ☆3种硬币

这道题的答案不是唯一的。以下的四种答案都可以符合题意：

	1元	10分	1分
答案一	1枚	36枚	5枚
答案二	2枚	25枚	15枚
答案三	3枚	14枚	25枚
答案四	4枚	3枚	35枚

以上的总面值都是4.65元，硬币总数都是42枚。

24. ☆选同色

袜子只需取出3只就可以了，因为其中肯定会有2只相同的。

但想取出相同颜色的1副手套就有难度了，因为袜子可以不分左右，手套却不行。必须要取出21只手套，才会配出一副相同颜色的手套，如果取的次数少了，很可能取出来的全部属于左手或全部属于右手。

25. ☆蛀虫吃书

如果你回答说蛀虫蛀穿了1 600页和2个封皮，那么你肯定没有仔细看图。如果你足够认真，就会发现图上的2本书是第2册在上，第1册在下。因此从第1册第1页到第2册最后1页之间，根本只是2张封皮，蛀虫蛀穿的也仅此而已。这和2本书各有多少页没有任何关系。

26. ☆7位好友

不可能经常相遇。这七位朋友想要碰面可不是那么容易的，因为他们同时出现在这位先生家里的日子必须能同时被2、3、4、5、6、7整除。而符合这个要求的最小的数字是420。所以每420天，主人才能有一次机会同时在家里接待7位好友。

27. ☆难得的聚会

大家碰面时，一共有8个人（主人加上7位朋友）。如果我们按照每个人都和另外7个人碰杯一次这个思路来计算，那么一共碰杯$8 \times 7 = 56$次。

但是这似乎有什么不对。我们的这个思路把每2个人的碰杯次数都计算成了2次。举个例子，比如第3位客人与第5位，第5位客人与第3位，同样的2个人，计算了2次。

所以，酒杯实际碰响了$\frac{56}{2} = 28$次。

第章

数数的窍门

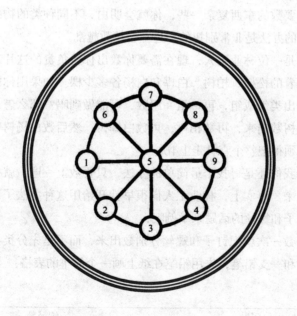

1. 怎么数数

这种问题可能更适合问3岁以下的小孩子。如果是问其他人，肯定会惹人生气的。数数有什么特别的？1、2、3，这样顺着念下去，这难道还有谁不会吗？好吧，我承认数数的确就是这么简单。但我不认为你一定能把这么简单的事情做好。

数数的种类很多。如果数钉子盒里有几颗钉子当然没问题。但如果盒子里乱七八糟地放着钉子、螺丝，或者还有别的什么，你怎么数？把钉子先挑出来，再把螺丝挑出来，再把其他的都挑出来，再一个一个去数吗？

再比如，家庭主妇洗衣服的时候，让她把要洗的东西分类数出来。她一般会先着手把所有东西分出类来，堆成好几堆，比如衬衫一堆，毛巾一堆，枕套一堆，等等。等到这个令人厌烦的事情做完之后，她才会去一堆一堆地数。

这就是不会数数。你也许并不觉得这样数有问题，原因是我的例子太简单。如果要数的东西复杂一些，你就会明白，不同种类的物品，用这种先分类再数的办法是非常别扭的，甚至会越数越乱。

比如你是一位林业工人，现在需要你数出你所负责的这片森林中，每公顷内生长着的松树、柏树、白桦和白杨各多少棵。如果用你的方法，先把各种树分出类编成组，再一组一组数，可能做到吗？那么怎么数？难道你要先把松树数出来，再数柏树，再数白桦树，然后数白杨树吗？那样的话，你就必须得把整个森林走上4次。

你瞧，我们还是得找个最简单的办法，只要数上一遍，就把需要的全部数字数出来。事实上，林业工人们很早就开始用这种办法了。我们就用刚才说的钉子和螺丝的话题来举例吧：

想要只数一次就把钉子和螺丝分别数出来，而不是先分类再数，你得拿出一张纸和一支铅笔，先用铅笔在纸上画一个简单的表格：

钉子数	螺丝数

现在你就可以开始数了。随手拿一枚出来，看到是钉子，就在"钉

子数"下面的格子里画一笔；如果是螺丝，就在"螺丝数"下面的格子里画。然后再拿一枚出来……就这样直到把钉子和螺丝全部拿完。最后一个工作，就是数一数"钉子数"和"螺丝数"下面的格子里各画几笔了。

其实这还不能算是数得巧妙。因为这个办法还能再进行简化。怎么做呢？就是在格子里做记号的时候，不要随便画一笔，而是按照汉字的书写顺序一笔一笔地写"正"字（图78）。每个"正"字都意味着数字5。

正

图 78

我有一个好的建议，就是写"正"字的时候最好2个一组地排列。因为每2个"正"字的笔画都是10，这样最后计算起来会一目了然。按照两两一组排列的"正"字就像图79所表现的样子。

正正正正
正正正下

图 79

图中的"正"字一共有多少画？很明显，3个10画加1个5画再加3画，一共30+5+3=38画。这就是说，某种物品一共有38个。

回到我们刚才那个林业工人统计不同树木数量的例子，上面的方法正是他们一直在使用的。不过具体到不同的工作，画的图也有所不同。因为要数4种树，所以我们要画4栏。由于数量太多，我们选择横着画这个表格。

松树	
柏树	
白桦	
白杨	

数树的过程中作下的记录如图80所示：

松树	正正正正正下 正正正正正
柏树	正正正正正正正 正正正正正正正

白桦	正正正正正 正正正正正一
白杨	正正正正 正正正丁

图 80

有了这份记录，计算出不同种类树木的总量就太简单了：

松树53棵、柏树79棵、白桦46棵、白杨37棵。

这种方法的使用太普遍了，就连医生计算血样中的红、白细胞数量也是这样数的，只不过必须借助显微镜，因为目标太小了。

现在我给你留一个题目：在你生活的环境中找一小片草地，去数一下那里有哪些植物，每种植物有几棵，用你现在已经知道的最省时省力的办法。先在纸上写下你看到的植物的名称，当然要留下一些位置，万一中途发现了新的植物呢。接下来把它画成类似图80那样表格。然后，就开始去调查吧。

2. 为什么数树

"为什么要把森林里的树数出来？"可能有的城市居民会认为不可思议。你也许看过托尔斯泰的名著《安娜·卡列尼娜》，书中有一位农业家列文，他的一位亲戚想要出售树林，但却对林业知识一无所知。他们有如下的对话：

"这片树林有多少树木？"

"什么，这怎么数得过来？还不如数数砂粒、数数星球的光亮，那看起来比数树聪明多了。"

"哦，似乎是这么回事，但是买树的拉宾宁或许比我们更聪明点，因为没有谁会买一片不知道数目的树林。"

事实上，数数是一件有意义的事情，可以了解木材的产量。但大可不必把数数想得太可怕。计算大范围内树木的数量，并不需要一棵一棵地全部数出来。人们大多会请一位有着丰富林业经验的人，选一片试验林出来，大概1公顷或半公顷的面积，前提是这个范围内的树木品种构成、生长密度和树木的年龄、高度与粗度都是全部树木的平均水平。

　　真正去试验林里数的时候，只数出每个品种有多少棵，也是不准确的，条件还要定得更细一些。比如每一个品种的树木中，树干粗度差不多25厘米的有多少，30厘米、35厘米的呢？这就需要进一步细化计算的表格，像举例时那样每种树木画一栏就不够用了。不然的话，当你需要提供某个品种不同粗度的树木数量时，难道还要重新跑去森林里吗？

　　现在你一定认同，只有在数相同种类物品的数量时，数数才是简单轻松的办法。当你必须提供不同种类的物品数量时，还是用我们这一章所探讨的专门方法更轻松些。尽管它还没有被更多人意识到。

第十六章

快乐心算

计算并非一定要借助工具，某些时候借助自己的大脑反而是最好的办法。我为你们收集了这些非常简单却又容易掌握的心算办法，只要你能自觉地去经常使用它们，并在使用的过程中牢牢地把它们记在心里，你的心算准确率就会越来越高，并最终达到逢算必对的水平。

1. 一位数乘法

（1）被乘数×乘数=积。假如乘数是一位数，不必像笔算时那样从被乘数的个位乘起，可以从最高位开始。比如27×8，先算乘数与被乘数十位数的积20×8=160，再算乘数与被乘数个位数的积7×8=56，最后把两个数加起来：27×8=160+56=216。这就是答案了。我们可以再试试其他的，比如34×7和47×6：

$$34 \times 7 = 30 \times 7 + 4 \times 7 = 210 + 28 = 238$$
$$47 \times 6 = 40 \times 6 + 7 \times 6 = 240 + 42 = 282$$

（2）下面的表格，我希望你能够用心记住它，因为这会使你在进行任何心算的时候更快速地得到答案。

	2	3	4	5	6	7	8	9
11	22	33	44	55	66	77	88	99
12	24	36	48	60	72	84	96	108
13	26	39	52	65	78	91	104	117
14	28	42	56	70	84	98	112	126
15	30	45	60	75	90	105	120	135
16	32	48	64	80	96	112	128	144
17	34	51	68	85	102	119	136	153
18	36	54	72	90	108	126	144	162

牢记这个表格之后，诸如147×8等更有难度的乘法就不会难住你了。你可以迅速地在心里想到这样的过程：

$$147 \times 8 = 140 \times 8 + 7 \times 8 = 1\ 120 + 56 = 1\ 176$$

（3）如果乘数可以分解成一位数的乘法，不妨试着把它分解开，然后一个一个乘着算。比如：

$$225 \times 6 = 225 \times 2 \times 3 = 450 \times 3 = 1\ 350$$

2. 两位数乘法

（4）把两位数乘法改成一位数的乘法，更方便我们进行心算。

我们通常比较习惯心算一位数在乘数位置的乘法，所以当被乘数是一位数时，我们可以把它换到乘数的位置，再按前面（1）的方法进行心算。比如：

$$6 \times 28 = 28 \times 6 = 120 + 48 = 168$$

（5）当被乘数与乘数都是两位数时，心算的办法是把它们中的一个分解成十位数与个位数两个部分。比如：

$$29 \times 12 = 29 \times 10 + 29 \times 2 = 290 + 58 = 348$$

或　　　　　　$29 \times 12 = 12 \times 29 = 12 \times 20 + 12 \times 9 = 240 + 108 = 348;$

$$41 \times 16 = 41 \times 10 + 41 \times 6 = 410 + 246 = 656$$

或　　　　　　$41 \times 16 = 16 \times 41 = 16 \times 40 + 16 \times 1 = 640 + 16 = 656$

通过上面举的两个例子我们还可以发现，选择二者中由较小的数字组成的那个进行分解，心算起来更省力。

（6）当乘数或被乘数中的一个方便心算分解成一位数乘法的时候，就把它分解开。这个方法类似于（3）。例如：

$$45 \times 14 = 45 \times 2 \times 7 = 90 \times 7 = 630$$

3. 乘以或除以 8 与 4

（7）一个数乘以4，心算时改为乘两次2更简单些。比如：

$$112 \times 4 = 112 \times 2 \times 2 = 224 \times 2 = 448$$

$$335 \times 4 = 335 \times 2 \times 2 = 670 \times 2 = 1\,340$$

（8）一个数乘以8，心算之一是把它加倍3次。比如：

$$217 \times 8 = 434 \times 4 = 868 \times 2 = 1\,736$$

还有一个方法，是把它的后面加个0，再减去它的2倍。比如：

$$217 \times 8 = 2\,170 - 217 \times 2 = 2\,170 - 434 = 1\,736$$

当然也可以这样：

$$217 \times 8 = 200 \times 8 + 17 \times 8 = 1\,600 + 136 = 1\,736$$

（9）一个数除以4，心算时可以把它除2次2。比如：

$$76 \div 4 = 38 \div 2 = 19; \quad 236 \div 4 = 118 \div 2 = 59$$

（10）一个数除以8，心算时可以把它除3次2。比如：

$$264 \div 8 = 132 \div 4 = 66 \div 2 = 33$$

$$516 \div 8 = 258 \div 4 = 129 \div 2 = \frac{1}{2}$$

4. 乘以5和25

（11）一个数乘以5，心算时就把它的后面加个0，然后除以2。相当于把它乘以$\frac{10}{2}$。比如：

$$74 \times 5 = 740 \div 2 = 370; \quad 243 \times 5 = 2\ 430 \div 2 = 1\ 215$$

如果这个数是偶数，更简单的方法是先除以2，然后再加0。比如：

$$74 \times 5 = 37 \times 10 = 370$$

（12）一个数乘以25，心算的方法有两种。第一种是，如果这个数能被4整除，就先除以4，然后在商的后面加两个0。比如：

$$72 \times 25 = 18 \times 100 = 1\ 800$$

第二种是，如果这个数除以4后有余数，还是先除以4，然后看余数是几。余1时，在商的结尾写上25；余2时，在商的结尾写50；余3时，在商的结尾写75。这种方法的依据是：

$$100 \div 4 = 25; \quad 200 \div 4 = 50; \quad 300 \div 4 = 75$$

你试着自己举几个例子验算一下吧。

5. 乘以几个分数

（13）一个数乘以$1\frac{1}{2}$，心算时就把它加自己的一半。比如：

$$34 \times 1\frac{1}{2} = 34 + 17 = 51$$

$$23 \times 1\frac{1}{2} = 23 + 11\frac{1}{2} = 34\frac{1}{2} \text{ 或 } 34.5$$

（14）一个数乘以$1\frac{1}{4}$，心算时就把它加自己的$\frac{1}{4}$。比如：

$$48 \times 1\frac{1}{4} = 48 + 12 = 60$$

$$58 \times 1\frac{1}{4} = 58 + 14\frac{1}{2} = 72\frac{1}{2} \text{ 或 } 72.5$$

（15）一个数乘以，心算时就用它的2倍加自己的一半。比如：

$$18 \times 2\frac{1}{2} = 36 + 9 = 45$$

$$39 \times 2\frac{1}{2} = 78 + 19\frac{1}{2} = 97\frac{1}{2} \text{ 或 } 97.5$$

还有一个办法是把它先乘以5再除以2。例如：

$$18 \times 2\frac{1}{2} = 90 \div 2 = 45$$

（16）一个数乘以 $\frac{3}{4}$，心算时就把它先乘以 $1\frac{1}{2}$ 再除以2。例如：

$$30 \times \frac{3}{4} = \frac{30 + 15}{2} = 22\frac{1}{2} \text{ 或 } 22.5$$

其他的方法也可以迅速心算出结果，比如用它减掉自己的 $\frac{1}{4}$，或者把它的一半加上自己一半的一半。

6. 乘以 15、125、75

（17）一个数乘以15，心算时就先把它乘以10再乘以 $1\frac{1}{2}$（理由是 $15 = 10 \times 1\frac{1}{2}$）。例如：

$$45 \times 15 = 450 \times 1\frac{1}{2} = 675$$

$$18 \times 15 = 18 \times 1\frac{1}{2} \times 10 = 270$$

或按（6）的方法：

$$18 \times 15 = 90 \times 3 = 270$$

（18）一个数乘以125，心算时就把它乘以100再乘以 $1\frac{1}{4}$（理由是 $125 = 100 \times 1\frac{1}{4}$）。例如：

$$47 \times 125=47 \times 100 \times 1\frac{1}{4}=4\ 700+\frac{4\ 700}{4}=4\ 700+1\ 175=5\ 875$$

$$26 \times 125=26 \times 100 \times 1\frac{1}{4}=2\ 600+650=3\ 250$$

或按（6）的方法：

$$26 \times 125=130 \times 25=3\ 250$$

（19）一个数乘以75，心算时就把它乘以100再乘以$\frac{3}{4}$（依据是

$75=100 \times \frac{3}{4}$）。比如：

$$18 \times 75=18 \times 100 \times \frac{3}{4}=1\ 800 \times \frac{3}{4}=\frac{1800+900}{2}=1\ 350$$

7. 乘以 9 和 11

（20）一个数乘以9，心算时就在它后面加一个0，再减它自己。比如：

$$62 \times 9=620-62=600-42=558$$

$$73 \times 9=730-73=700-43=657$$

（21）一个数乘以11，心算时就在它后面加一个0，再加它自己。比如：

$$87 \times 11=870+87=957$$

8. 除以 5、1.5 和 15

（22）一个数除以5，心算时就用它的2倍除以10，最后注意小数点在末位数字前。比如：

$$68 \div 5=\frac{136}{10}=13.6; \quad 237 \div 5=\frac{474}{10}=47.4$$

（23）一个数除以1.5，也就是除以$1\frac{1}{2}$，心算时就用它的2倍除以3。

比如：

$$36 \div 1\frac{1}{2}=72 \div 3=24; \quad 53 \div 1\frac{1}{2}=106 \div 3=35\frac{1}{3}$$

（24）一个数除以15，心算时就用它的2倍除以30。比如：

$$240 \div 15=480 \div 30=48 \div 3=16$$

$$462 \div 15=924 \div 30=30\frac{24}{30}=30.8 或 924 \div 30=308 \div 10=30.8$$

9. 平方数

（25）一个数的尾数是5，心算它的平方时，先把它十位上的数字与自己加1相乘（如果十位数字是8，就用8×9），在得出的积后面写上25。比如：

$$25^2：2 \times 3=6，答案是625$$

$$45^2：4 \times 5=20，答案是2\,025$$

$$145^2：14 \times 15=210，答案是21\,025$$

依据是：$(10x+5)^2=100x^2+100x+25=100x(x+1)+25$

（26）当一个数为尾数是5的小数时，心算时适用与上面相同的方法。比如：

$$8.5^2=72.25；14.5^2=210.25；0.35^2=0.1225$$

（27）尾数为$\frac{1}{2}$的数，心算它的平方时，也可以用（25）的方法。比如：

$$(8\frac{1}{2})^2=72\frac{1}{4}；(14\frac{1}{2})^2=210\frac{1}{4}$$

这么做的依据是：$0.5=\frac{1}{2}$，$0.25=\frac{1}{4}$

（28）人们在心算一个数的平方时，最常套用的公式是：

$$(a \pm b)^2=a^2 \pm 2ab+b^2$$

这种方法最适合用于心算尾数为1、4、6、9的数字平方。比如：

$$41^2=40^2+1+2 \times 40=1\,601+80=1\,681$$

$$69^2=70^2+1-2 \times 70=4\,901-140=4\,761$$

$$36^2=(35+1)^2=1\,225+1+2 \times 35=1\,296$$

10. 巧用公式 $(a+b)(b+a)=a^2-b^2$

（29）计算52与48的积，心算时可以把它们看成（50+2）和（50-2）。使用这个公式，算式为：$(50+2) \times (50-2)=50^2-2^2=2\,496$。

　　相乘的两个数字，如果一个可以变成简单的两个数之和，另一个恰好可以变成同样两个数之差，使用这个公式最合适不过了。我们再举几个例子：

$$69 \times 71 = （70-1） \times （70+1） = 4\ 899$$

$$33 \times 27 = （30+3） \times （30-3） = 891$$

$$53 \times 57 = （55-2） \times （55+2） = 3\ 021$$

$$84 \times 86 = （85-1） \times （85+1） = 7\ 224$$

（30）这个公式用来计算符合要求的分数算式也不错。比如：

$$7\frac{1}{2} \times 6\frac{1}{2} = （7+\frac{1}{2}） \times （7-\frac{1}{2}） = 48\frac{3}{4}$$

$$11\frac{3}{4} \times 12\frac{1}{4} = （12-\frac{1}{4}） \times （12+\frac{1}{4}） = 143\frac{15}{16}$$

11. 牢记这两点

　　第一点：记住 $37 \times 3 = 111$，就可以快速心算37与任何一个3的倍数（6、9、12等）之积。比如：

$$37 \times 6 = 37 \times 3 \times 2 = 222$$

$$37 \times 9 = 37 \times 3 \times 3 = 333$$

$$37 \times 12 = 37 \times 3 \times 4 = 444$$

$$37 \times 15 = 37 \times 3 \times 5 = 555$$

$$\cdots\cdots$$

　　第二点：记住 $7 \times 11 \times 13 = 1\ 001$，那么诸如下面的一些类似算式都可以迅速得出答案。

$77 \times 13 = 1\ 001$	$91 \times 11 = 1\ 001$	$143 \times 7 = 1\ 001$
$77 \times 26 = 2\ 002$	$91 \times 22 = 2\ 002$	$143 \times 14 = 2\ 002$
$77 \times 39 = 3\ 003$	$91 \times 33 = 3\ 003$	$143 \times 21 = 3\ 003$
……	……	……

　　我们在这一章里提及的，包括乘除法和平方数的心算，是应用起来最方便、也最容易掌握的心算方法。我相信，当你通过不断的实践之后，一定会总结出更多、更简单、更适合自己的心算方法。

第章

魔力幻方

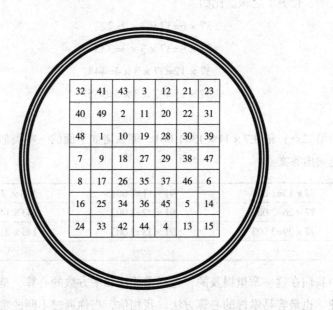

32	41	43	3	12	21	23
40	49	2	11	20	22	31
48	1	10	19	28	30	39
7	9	18	27	29	38	47
8	17	26	35	37	46	6
16	25	34	36	45	5	14
24	33	42	44	4	13	15

1. 九宫幻方

图81是一个九宫幻方，我们也叫它九宫格。幻方是什么？这是一种古老的数学游戏，它的规则是将一个正方形画成若干行列相等的方格，然后在每个方格里填上从1开始的连续整数，使每一行、每一列及每条对角线上的数字之和相等。

4	3	8
9	5	1
2	7	6

图 81

尽管把一个正方形画成数目更小的四宫格也具有行列相等的格子数，但无法满足幻方的规则。所以九宫格是最小的幻方。

在图81中，我们可以看到，任何一行或列，比如4+3+8、2+7+6、3+5+7、4+5+6，等等，数字之和都是15。事实上这个和在题目设计之初便已经确定了。不管是3行还是3列，都必然包含1到9全部9个数字，这9个数字的和是：1+2+3+4+5+6+7+8+9=45。那么具体到每一行每一列，数字之和都应该是45÷3=15。因为总和数是每一行或每一列的3倍。

明白了这一点，不管正方形被行列数相等划分后有多少个格子，它的单行或单列的数字之和都可以提前知道。方法就是用格子总数除以行数或列数。

2. 1～9 的全部幻方

一个幻方做出来后，可以变形成很多新的幻方。比如我们刚刚做了一个幻方（图82），现在把它向左转90°（$\frac{1}{4}$ 周），一个新幻方就出现了（图83）。把正方形继续左转180°（$\frac{1}{2}$ 周）、270°（$\frac{3}{4}$ 周），又是两个不同的新幻方。

6	1	8
7	5	3
2	9	4

图 82

8	3	4
1	5	9
6	7	2

图 83

每一个新的幻方还有一个不用动就变花样的方法：照镜子。镜子的反映中看到的幻方是与原样不同的，你在图84中所看到的2个幻方，就是镜子外与镜子里的幻方。

6	1	8
7	5	3
2	9	4

2	9	4
7	5	3
6	1	8

图 84

一个九宫格通过转动和反映所能得到的全部变形，都被我列在图85中。也可以说，这是1~9这9个数字能组成的所有幻方。

6	1	8
7	5	3
2	9	4

（a）

8	1	6
3	5	7
4	9	2

（b）

2	7	6
9	5	1
4	3	8

（c）

6	7	2
1	5	9
8	3	4

（d）

4	9	2
3	5	7
8	1	6

（e）

2	9	4
7	5	3
6	1	8

（f）

8	3	4
1	5	9
6	7	2

（g）

4	3	8
9	5	1
2	7	6

（h）

图 85

3. 古老填数法

人们在填写奇数格子的幻方时常用的方法是巴舍法，但这并不是唯一的方法。作为一种古老的游戏，据说早在公元前，印度人就想出了一个破解它的好办法。下面的6条规则是这个方法的关键内容，你最好结合图86

中的49格幻方来体会一下。

规则一：把1写在第一行的中间，把2写在1右侧列的最后一格。

规则二：后面的数字要按对角线的方向依次向右上方的格子里写。

规则三：当数字向右上方写到右侧边缘的格子之后，下一个数字写在这个格子上面一行最左边的格子里。

规则四：写到最上一行的格子后，下一个数字写在这个格子右侧列最下面的格子里。如果写到了最上一行右角上的格子，下一个数字写在左下角的格子。

规则五：如果遇到已经写过数字的格子，下一个数字就写在前面最末的底下格。

规则六：如果写到了最下面一行的格子里，下一个数字就写在同一列最上面的格子。

30	39	48	1	10	19	28
38	47	7	9	18	27	29
46	6	8	17	26	35	37
5	14	16	25	34	36	45
13	15	24	33	42	44	4
21	23	32	41	43	3	12
22	31	40	49	2	11	20

图86

有了这六个规则，你就能随手填出任何奇数格幻方了。

但有一点需要注意的是：如果幻方中的格子数不能被3整除，那么你也可以将上面的规则进行一些小的变动。

首先就是数字1的位置。从正方形最左边一列的中间一格，向最上边一行的中间一格划一条连线，1可以写在这条线上的任何一个格子里。接下来就可以按照前述的规则二至五来进行了。

印度人的这个方法能填上好几种幻方，我们再来看一个49格的例子（图87）：

32	41	43	3	12	21	23
40	49	2	11	20	22	31
48	1	10	19	28	30	39
7	9	18	27	29	38	47
8	17	26	35	37	46	6
16	25	34	36	45	5	14
24	33	42	44	4	13	15

图 87

你可以试着自己练习填一个25格幻方和一个49格幻方，填好后再通过转动和反映做几个新的出来。

4. 偶数格子

对方格子数为偶数的幻方，目前还没有一个通用的简易规则。但当格子数是16的倍数时，却有一个简单的好办法。当格子数是16的倍数时，幻方最边上的每一行或列，格子数都是4个、8个、12个，都能被4整除。

在介绍为这种幻方填数的简单方法时，我们有必要先弄清"互相对应的格子"的概念。图88的幻方中，我用×和○对两组互相对应的格子作了标记。现在我们来仔细观察一下：

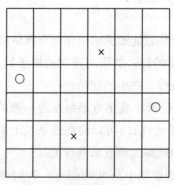

图 88

对位于上数第二行的左数第4个格子来说，与它相对应的格子是位于倒数第二行的右数第4个格子。用这个思路，你可以试着理解一下另外一组互相对应的格子。此外，如果我们所取的格子位于对角线上，那么与它相互对应的格子也应该在对角线上。

现在我们言归正传。下面是一个8×8格的幻方（图89），它的格子数是16的倍数。我们先像图中所示的那样，把1到64按顺序一行一行写在每个格子里。

1	2	3	4	5	6	7	8
9	10	11	12	13	14	15	16
17	18	19	20	21	22	23	24
25	26	27	28	29	30	31	32
33	34	35	36	37	38	39	40
41	42	43	44	45	46	47	48
49	50	51	52	53	54	55	56
57	58	59	60	61	62	63	64

图89

你可以计算一下，现在两条对角线上的数字之和都是260。按道理来说，这正好是一个正确的64格幻方原本应该有的每行或每列的和数，但图中这个正方形的每行和每列的和数都不一样。比如最上面的一行，和数只是36，比260要少260-36=224呢。

现在这个正方形也有个有意思的地方，那就是最后一行的每个数都比倒数第二行同一位置上的数大56。而56这个数字，它的4倍恰好是我们刚刚计算出来的那个224。

现在，我们可以总结出一个结论，那就是把第一行一半格子里的数字，与最后一行同样位置的数互换，比如把1、2、3、4和57、58、59、60互换，第一行和数与最后一行和数就相等了。

这种方法也适合第二行和第七行，或者说每一对与边行等距的行都能如此互换。这样互换之后，各行的和数就相等了。

　　但是正确的填数方法，必须要各行各列都相等，仅保证行是不行的。如果刚刚没有进行行与行之间的数字互换，我们本可以如此对列进行操作，但现在显然不行了。怎么办？我们不妨重新开始，换一种互换方法。

　　这种方法就是把互相对应的格子中的数字进行互换。互相对应的概念我们开始就讲过了，没想到现在真的用上了。这种方法同样不允许把所有对应的格子都进行互换，只换一半就可以了。换哪些呢？这里有四条规则：

　　规则一：像图90所示的那样，把大正方形分成4个小正方形。

1×	2	3	4×	5×	6	7	8×
9×	10×	11	12	13	14	15×	16×
17	18×	19×	20	21	22×	23×	24
25	26	27×	28×	29×	30×	31	32
33	34	35	36	37	38	39	40
41	42	43	44	45	46	47	48
49	50	51	52	53	54	55	56
57	58	59	60	61	62	63	64

图90

　　规则二：在左上方小正方形每一行每一列的一半格子中做好标记，选择哪些格子随你的意愿，图90只是其中的一种选择。

　　规则三：在右上方小正方形中，确定出与规则二中做好标记的格子相对应的格子，也做好标记。

　　规则四：将做好标记的全部格子，逐一地与它们相对应的格子互换数字。

　　现在，我们已经拥有一个合格的64格幻方了（图91）：

64	2	3	61	60	6	7	57
56	55	11	12	13	14	50	49
17	47	46	20	21	43	42	24
25	26	38	37	36	35	31	32
33	34	30	29	28	27	39	40
41	23	22	44	45	19	18	48
16	15	51	52	53	54	10	9
8	58	59	5	4	62	63	1

图91

我们还可以用其他的方案来标记左上方小正方形中的一半格子，前提是遵守规则二中的要求。比如图92：

图92

在左上角的小四方形中选一半的格子有很多种选法，而正确运用规则三和四，又会为我们带来几个新的幻方。我相信你已经能用很多种方法来进行选择了，也就是说，你已经有能力填出很多个64格幻方了。事实上，这个方法对于填写12×12、16×16的幻方都是不错的办法，你可以亲自动脑筋尝试一下。

5. 为什么叫幻方

　　早在公元前5000年至公元前4000年间的中国古书籍中就提到了幻方。古印度人对幻方有了更深的研究，并将它传到了阿拉伯。在不断流传的过程中，幻方逐渐带有了神秘的色彩。

　　在中世纪的西欧，幻方成了点金术与占星术等虚无科学研究者的工具，甚至宣传说将画有这种图案的护身符随身携带就能够护身避邪。于是它有了一些新名字，比如"魔幻正方形"，甚至是"妖术正方形"等。

　　但幻方最终走上了数学的殿堂。它不仅作为一种消磨时光的工作娱乐大众，也成为许多杰出数学家致力于探究的课题。幻方在一些重要的数学理论中占有不可忽视的作用，比如在解多元方程组的众多方法中，就有一种方法应用了幻方的理论。

第十八章

一笔成画的理论

1. 走过七座桥

柯尼斯堡（今加里宁格勒）的市区内有一座小岛，一条河绕过它，变成两条支流。据说大数学家欧拉曾经被与这条河有关的一道数学题深深地吸引了。

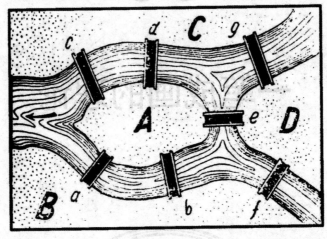

图 93

题目中说，在这条河上架起如图93所示的七座桥，问人们是否有一种路线可以一次走过七座桥，但每座桥只能走一遍。这道题引起过人们的广泛讨论，有的人说能做到，但有的人却说根本不可能做到。你怎么看呢？

2. 拓扑学

1736年，欧拉把他的与七座桥相关的数学科研成果送给了圣彼得堡科学院。在研究报告的开头，欧拉这样写道：

"在几何学中，除了早在古代就已被仔细研究过的量与量的测量部分，莱布尼茨第一个提出几何学的另一个被他称为'位置几何学'的分支。这一分支所研究的仅是图形的不同部分相互位置的规则，而它的尺寸大小却并不考虑在内。前不久我听到一个关于位置几何学的题目，并决定以它为例，把我研究出的解答方法作一个汇报。"

欧拉提到的题目就是柯尼斯堡的七座桥，他将这类问题归纳为数学的某一范畴。欧拉提到的"位置几何学"这一分支，我们称作拓扑学。而我们今天所提到的只是拓扑学范畴中的一小部分。

对于这位伟大数学家的研究报告，我们无意进行引述，只想把他的最终结论告诉大家：这种走法是不可能实现的。

3. 为什么不行

我们来分析一下这道七桥问题。

图94是经过简化的河水支流位置示意图。事实上根据拓扑学不考虑尺寸大小的特点，岛的面积和桥的长度是没有意义的。

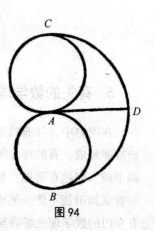

图94

我们把图94中的A、B、C、D这四个地区在图中标出来，代表人们在过桥时所走的各段路线的交点。接下来，问题就简单而明确地变成：怎样把图94一笔画出来。也就是说画的过程中，笔尖不离开纸面，也不能有线条重复的情况发生。

为什么数学家说这是不可能的？我们来研究一下。对A、B、C、D任意一点来说，如果它不是起点或终点，那么肯定会有一条路走过来，经过它后再走向另一条路。所以如果想用一条线将整个图形连接在一起，各点（起点终点除外）都应该有偶数（2或4）条道路走过来，并经过这点离去。可是很遗憾，我们想画出来的这个图形中，各点所经过的来往道路数目全都是奇数。这足以证明将这个图形一笔成画简直是天方夜谭。

所以，想要一次走完柯尼斯堡的七座桥，每座桥却只准走一遍，是不可能做到的。

4. 做些练习

图95向我们展示了七个图形，你试着在纸上分别将它们一笔画出来。笔尖不能离开纸面，不能出现任何无中生有的线条，也不能出现重复的线条。

图 95

5. 有关的数学理论

　　在图95中，并非每个图形都能一笔成画。它们中有的随便从哪一点开始都能画成，有的却必须从某个特定的点开始才能画成，但还有的根本就画不成。问题在哪里？是否有什么窍门能让我们根本不需要去尝试，只要一看就知道能不能一笔成画？那些能一笔画成的图案，要从哪一点起笔？有专门的数学理论解答这些问题，下面我们尝试着说明一下。

　　如果某个点有偶数条线经过，我们把它叫偶数点；如果是奇数，就叫奇数点。所有的图形都能分成两种，一种是根本没有奇数点，一种是有偶数个奇数点。关于这一点，就不在这里论证了。

　　观察图95中的第1和第5个图形，它们都只有偶数点，没有奇数点。像这种没有奇数点的图形是一定能一笔画成的，而且随便从哪一点开始都可以。

　　再观察图95中的第2、第3和第6个图形，它们都有奇数点，奇数点的个数都是两个。像这种有两个奇数点的图形也是可以一笔成画的，但必须从其中的一个奇数点起笔，在另一个奇数点停笔。比如第6个图形，起笔点应该是A或B。

　　最后是图95中的第7个图形，它有四个奇数点，多于两个。像这种有两个以上奇数点的图形，是根本不可能一笔成画的。

这些判断方法已经足够你准确分辨一笔成形的图画。在一笔成画的过程中，阿连斯教授的忠告是值得重视的："所有在图形中已经被画过的线条，应该被看作不复存在，当你画下面一条线时，要保证不使图形解体，如果这条线条也将从图纸上除去的话。"

遵循这个忠告，我们尝试画一下图95中的第5个图形。假如从A点画起，先连接$ABCD$，那么接下如果从D再画向A，那么$\triangle AFC$和$\triangle BDE$这两个三角形就将与$ABCD$失去关联，也就是所谓的"解体"了。理由是如果你从A点继续画AFC，根本没有办法再继续画BDE，因为两者之间已没有相关联的尚未被画出的线条。所以正确的画法是，在连接完$ABCD$后，从D直接走向B，连接完BED后回到D，这时再走向A，直到将AFC完成，整个图形就一笔画好了。

6.7 个新图形

我们再来巩固一下一笔成画的方法。图96中又是七个新的图形，请你分析好后，试着把它们画出来吧。

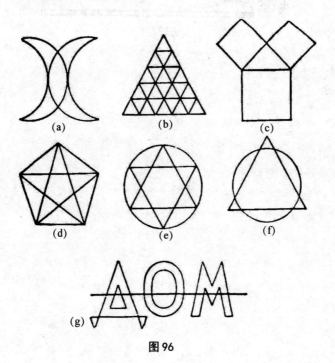

图96

7. 能过的桥

图97曾是趣味数学宫数学厅的一项展品主题的一部分，现在我将它作为本章的最后一节介绍给你们。

在列宁格勒（今圣彼得堡）有17座桥将市区的各个地区联系在一起，这道题的要求与柯尼斯堡的七座桥类似，也是要求一次通过全部17座桥，但任何桥上只能走一次。但与柯尼斯堡的七座桥不同的是，这道题目是可以解出来的。

现在，我相信你已经有足够的理论依据来独立完成这个任务了。

图 97

揭秘：你的答案正确吗

图98和图99中画有许多一笔成画的图形，它们是本章全部问题的答案。

图98

图 99

第十九章

妙趣横生的几何学

1. 不易辨认的画作

你能看出图100中都画了些什么吗?

图 100

图中画的都是日常生活常见的物品, 但由于采用了一些特殊的画法, 使人难以迅速识别。尽管如此, 我还是希望你来猜一猜, 画家究竟画了哪些物品?

2. 杯子与餐刀

在图101中, 画了一张餐桌, 桌上放了三个杯子, 每两个杯子之间放了一把餐刀。从图中可见, 餐刀的长度小于杯子与杯子之间的距离。

图 101

我需要你在不移动杯子的前提下，把餐刀搭在一起，使它们能够成功地将三个杯子连接起来。

不能动的不仅是杯子，还包括除了餐刀以外的任何东西。

3. 榫的玄机

这是一个由两块木料拼成的木方块（图102），它的上半部分有两个突出的榫，刚好可以嵌进下半部分的两个卯里。

图102

仔细观察一下两个榫的形状与位置，想一想，这个木方块的每半个部分都是由一整块木头制成的，那么木匠是怎样巧妙地做出这两个榫的呢？

4. 多与少

图103展示了一高一矮两个杯子，高杯的高度是矮杯高度的2倍，矮杯的宽度是高杯宽度的 $1\frac{1}{2}$ 倍。你来猜一猜，如果用这两个杯子盛水，哪个盛得更多？

图103

5.3 种饮具

饮品店的一个三层架子上摆着3种规格的饮具，其中最小的一种能容水1杯。现在已知架子各层饮具的容水总量相等。你能分辨出其他两种规格的饮具各能容纳多少水吗？

图 104

6. 重量不同的铜锅

　　有两只形状相同的铜火锅，它们的壁厚也一样。但不同的是，第一只铜火锅的容量是第二只的8倍。我希望你回答的是：第一只铜火锅的重量是第二只的几倍？

7. 实心立方块

　　有人做了四个由同一材料制成的实心立方块（图105），它们的高度分别是6厘米、8厘米、10厘米、12 厘米。现在我们要做的是把这四个立方块放在天平的左右两个秤盘上，使两边重量相等。

图 105

请你判断一下，怎样分配这四个立方体，才能使天平平衡？

8. 测量半桶水

你面前有一只大木桶，没有盖盖子，里面装了大约半桶水。你忽然很想知道这些水真的恰好半桶，或是比半桶低或是高，但是你缺乏可以进行测量的工具。你该怎么办？

9. 大铁球与小铁球

图106是两个大小相当的立方箱，左边的箱里是一个直径与箱高相等的大铁球，右边的箱里装了满满的小铁球。想一想，哪个箱子的重量更重呢？

图 106

10. 数矩形

请你在图107的图形中数出所有的矩形来吧。看清我的要求，是所有的矩形，不是所有的正方形。现在开始吧，不管大的小的，我要的是你可以数出的全部矩形的数量。

图 107

11. 玩具小方砖

你见过建筑用的方砖吧？那种砖每块重4千克。现在，我们想用相同的材料做一些小方砖玩具，只不过所有的尺寸都得缩小，大约为原尺寸的

$\frac{1}{4}$。请你想一想，我们将要制作的这种小方砖每块的重量是多少?

12. 身高与体重

问你一个关于身高与体重的问题：一个身高2米的人的体重会比一个身高1米的人重多少?

13. 环游赤道

其实，我们在行走的过程中，我们身体的每一个部位，每一个点都在行走中。不知你是否了解，假如我们能光着脚绕赤道行走一周，那么我们头上的顶点一定会比脚底的每个点走的路程都多。我想问你的是，头顶上的顶点所走的路程会比脚底每个点多多少?

14. 放大镜中的角

图108是一个四倍的放大镜。如果现在你用它去看一个（$1\frac{1}{2}$）°的角，那么放大镜中的角到底是多大呢?

图108

15. 1毫米的细带子

把1平方米的面积分解成1平方毫米的方格，然后把这些格子横向连接起来，相互间不留空隙。连接完之后，这条细带子的长度是多少呢?

16. 1立方毫米的细柱子

现在是立方米。把1立方米的体积分解成1立方毫米的小方块，然后把这些方块一个一个垒起来。那么垒好后，会是多高的一根细柱子?

17. 两杯糖

两个同样的杯子，一个盛满砂糖，一个盛满碎糖块。哪个杯子更重？

18. 最短的路线

　　图109是路边的一块方方正正的花岗石，它被凿成长30厘米，高、厚各20厘米的长条形状。有一只小甲虫，它正停在A点的位置，现在它正在考虑，用最短的路线到达B点所在的顶角。你帮它想一想，怎样走最好，并且计算一下这条路线究竟有多长。

图109

19. 远游的黄蜂

　　黄蜂离开自己的巢，又开始了一次说走就走的远游。

　　它首先飞向了正南方，途中还飞过了一条河，大约1小时之后，它落在了一个斜坡上。这里遍布着美丽的三叶草，气味芳香，黄蜂在花朵间飞来飞去，简直流连忘返。

　　$\frac{1}{2}$ 小时后，黄蜂决定再去斜坡西面的花园看看。昨天它还来过，并在花园里发现了一大片醋栗丛。于是，它向西飞去，用了 $\frac{3}{4}$ 个小时，黄蜂来到了花园，园中的美景令它心旷神怡，它足足用了 $1\frac{1}{2}$ 小时才飞遍了所有的醋栗丛。

　　终于，黄蜂有些累了，它决定返程。飞了一条最短的路，它中途没有再被别的风景吸引，直接回了自己的巢。

　　你知道黄蜂的这一次远游一共离巢多长时间吗？

20. 古老的卡法汉市

曾经有这样一个传说，关于古代城市卡法汉的建立。

传说，基尔国有一位名叫蒂顿娜的公主，她的兄弟杀害了她的丈夫。为了保住自己的性命，蒂顿娜公主带着很多基尔国人逃到了非洲北海岸定居下来。在这里，聪明的她跟奴米地国王做交易，她把牛皮割成细皮条，巧妙地划了一大片土地，使奴米地国王不得不把这些"牛皮能占有"的土地交易给她。她带着基尔国人在这片土地上建起了城堡，这就是古老的卡法汉，随着时间的推移，持续发展的卡法汉摇身一变成了一座城市。

这只是一个传说。但根据这样一个故事，我们可以出一道题：如果有一张面积为4平方米的牛皮，用牛皮割成的细皮条有1毫米宽，那么蒂顿娜公主一共从奴米地国王手里得到多少土地？

揭秘: 你的答案正确吗

1. ☆不易辨认的画作

画家究竟用了什么特殊的画法, 让我们无法辨识画作中那些对于我们来说无比熟悉的物品呢? 其实画家改变了物品投影的画法。通常来说, 我们习惯于看到这些物品在平面上的投影, 这些平面与我们的视线垂直, 而画家画的是我们所不习惯的投影。

对于这幅画作的内容, 我做一下揭晓, 看看你猜得对不对。

画中出现的物品分别是: 刮胡刀、剪子、叉子、怀表和茶匙。

2. ☆杯子与餐刀

参照图110的做法, 将三把餐刀架在一起, 每把餐刀的刀柄都搭在杯底上, 刀刃按顺时针或逆时针摆放, 每把搭在前一把的刀刃上, 达到互相支撑的作用。

这是符合题意的, 除了餐刀, 不动任何物品, 将三个杯子连接起来。

图110

3. ☆榫的玄机

我们在观察这种木制品时, 常会以为榫和卯都是十字走向, 其实不是这样的。

通过仔细观察图111你就会知道，真正的玄机在于：榫和卯是向斜上方平行走向的，这很容易使榫从侧面嵌入相对应的卯里，从而将不同的部位牢牢地固定成为一体。

4. ☆多与少

矮杯子装水比高杯子多。因为矮杯子比高杯子宽$1\frac{1}{2}$倍，那它一定比同高的杯子多装$(1\frac{1}{2})^2=2\frac{1}{4}$倍的水。即使高杯子的高度是矮杯子的2倍，也不足以改变矮杯子装水更多的事实。

5. ☆3种饮具

通过观察架子的第一层和第三层，会发现两层有一个共同点：都有1个大饮具和3个中饮具。不同的是，第一层多出3个小饮具，第三层多出1个中饮具。由于每一层饮具容量相等，因此1个中饮具的容量等于3个小饮具的容量。也就是说，1个中饮具的容量是3杯水。

然后把第一层的中饮具全部换成小饮具，第一层变成1个大饮具和12个小饮具。与第二层的2个大饮具和6个小饮具对比，可知1个大饮具的容量是6个小饮具，也就是6杯水。

6. ☆重量不同的铜锅

这两只形状相同的铜火锅在几何学里属于相似物体。从题目中可知，第一只的容量是第二只的8倍。我们可以分析出，容量大的那只锅，其高度和宽度都是另一只的2倍。由于相似物体的面积之比与其高度或宽度之比相等，所以容量大的那只锅，其面积是另一只的4倍。

你或许知道，当两个相似物体的壁厚一样时，其重量大小取决于其面积的大小。所以，答案已经出现：容量大的那只锅，其重量是另一只的4倍。

7. ☆实心立方块

答案是把最大的一个立方块单独放在天平的一个秤盘上，并把其余三个立方块同时放在天平的另一个秤盘上，这时可使天平平衡。理由是三个小立方块的体积之和与大立方块的体积相等。

验证一下：$6^3+8^3+10^3=12^3$，$216+512+1\,000=1\,728$。

8. ☆测量半桶水

只需做一个简单的动作：那就是把木桶倾斜，当水面斜至桶口边时看桶底。如果能看到桶底，哪怕只能看到一点，也可以判断水少于半桶。如果桶底仍在水下，水就多于半桶。如果水面恰好在桶底边缘，说明正好半桶水。（图112）

图112

9. ☆大铁球与小铁球

仔细观察题目图片，你会很容易想出本题的答案。

假设我们把右边的箱子切割成216个（数目从图中可以算出：$6×6×6=216$）直径与立方高度完全相等的小盒子，每个小盒子里装一个直径与盒子高度完全一致的小铁球，那么每个小铁球的体积占据每个小盒子的比例，与216个小铁球体积占据箱子的比例相等。

由于两个箱子完全一样，那么216个小铁球的体积占据箱子的比例，等于大铁球的体积占据箱子的比例。

所以，大铁球与216个小铁球重量相等。

10. ☆数矩形

这道题，我可以直接告诉你正确答案：225个。这些矩形处于不同的位置，你试着把它们全部找出来吧。

11. ☆玩具小方砖

也许你会认为，既然小方砖的所有尺寸都是大方砖的 $\frac{1}{4}$，那么重也一定是它的 $\frac{1}{4}$，也就是1千克。这样分析是不对的。

小方砖的所有尺寸都是大方砖的 $\frac{1}{4}$，说明它的长、宽、高都是大方砖的 $\frac{1}{4}$。

因此它的体积就是大方砖体积的 $\frac{1}{4} \times \frac{1}{4} \times \frac{1}{4} = \frac{1}{64}$。那么小方砖的实际重量为：$4\,000 \times \frac{1}{64} = 62.5$克。

12. ☆身高与体重

通过上面的一些题目，你应该已经对类似的问题有了深刻的认识。

本题的主人公是两个人，可见其身体形状是大致相似的。高个子的身高是矮个子的2倍，所以他的体重是矮个子的8倍。

史料中记载的最高的人来自阿尔萨斯，他的身高达到2.75米，一个普通的中等身材的人要比他矮整整1米。而史料记载的最矮的人还不到40厘米高，大约相当于刚刚那位巨人的 $\frac{1}{7}$。也就是说，如果让世界最高的巨人站在天平一端，想要使天平保持平衡，另一端就得拥挤地站上343个世界上最矮的人（$7 \times 7 \times 7 = 343$）！

13. ☆环游赤道

这道题的答案是大约11米。但令人惊讶的是，这个答案居然与半径毫无关联。

事情是这样的：我们以一个中等身材的人为参考，来假设这个环游地球的人的身高为175厘米，然后将地球的半径用大写的字母R表示。现在开始列式解答：

$$2 \times 3.14（R+175）-2 \times 3.14 \times R=2 \times 3.14 \times 175=1\,099厘米$$

最后的结果约等于11米。这个答案里面根本没R什么事儿。不论这道题说人是在绕着地球赤道走，还是绕着什么别的球体走，都会得到相同的结果。

14. ☆放大镜中的角

千万不要告诉我你的答案是（$1\frac{1}{2}$）°×4=6°，这是错误的答案。角的大小不会因为放大镜的倍数而变大（图113）。尽管测计角度的弧的确被放大了，但圆弧的半径同时放大了同样的倍数，所以角度本身并没有改变。

图113

15. ☆1毫米的细带子

1平方米=1 000平方毫米×1 000平方毫米。

从这个等式中你看出什么？

将每1 000个1平方毫米的格子连接起来，连出的细带子长1米。1 000个1米长的带子的长度，就是这道题的答案。

可见，这条细带子长1千米。

16. ☆1立方毫米的细柱子

这道题可以用心算做出来，不过要做好大吃一惊的心理准备。

首先我们要知道1立方米中含有多少个1立方毫米，算式是：1 000×

$1\,000\times1\,000$。

从这个算式中我们可以看出，$1\,000$个1立方毫米的小方块叠在一起，叠出的细柱子是1千米高，而$1\,000$个1千米高的细柱子叠起来，才是我们需要的高度。

这个高度是$1\,000$千米。

17. ☆两杯糖

这道题看起来非常奇妙，但却是一道很简单的题目。只要稍动脑筋，就可以得到答案。

在无法知道具体数字的时候，我们通常习惯于假设。

现在我们来假设糖块的直径是砂糖颗粒直径的100倍。

然后我们想象自己将一整杯的砂糖放大100倍，这样的话，就连杯中的每粒砂糖的直径都放大了100倍。那么杯子呢？当然也放大了100倍，它的容量则增加到原来的$100\times100\times100=100$万倍。很显然，杯中的砂糖的重量也是原来的$100$万倍了。

这时，我们想象从这一大杯砂糖中取出我们现实的一只杯子那么多的一杯砂糖，这当然相当于想象中的那一大杯砂糖的100万分之一了。

这个重量，与我们现实中的一杯砂糖是一致的。

那么我们拿出这100万分之一来做什么呢？只是为了说明一个问题：其实这一份大砂糖就相当于一块碎糖块，在重量上，杯子里的砂糖和碎糖块是完全相同的。

我们可以将碎糖块与砂糖的颗粒看成相似的形状，并认为它们以相似的形式排列，然后再来进行这种推测。那么其实无论我们假设这个放大的倍数是多少，都能得出同样的结论。

尽管我们的这个假设在严格意义上说并不合理，但你得承认，这是最接近实际情况的答案了。

当然，前提是，杯子中的糖块是碎糖块，而不是方块糖。

18. ☆最短的路线

假设，我们这个条形石块转到它前面的同一平面上（图114），路线就一目了然了。A、B两点间的线段就是小甲虫需要走的最短路程。

图114

下面我们来研究一下这条线段的长度。图41中的直角三角形ABC，它的斜边AB就是我们所求的路线。已知，三角形的两条直角边AC和CB，长度分别为40厘米和30厘米，求AB的长度，这符合勾股定理的定义。$30^2+40^2=50^2$，因此AB的长度为50厘米。

我们推荐给小甲虫的这条最短的路程长度为50厘米。

19. ☆远游的黄蜂

题目中没有给出黄蜂返巢所用的时间，因此计算起来会有一些难度。但是，几何学会帮我们很快解决这个困难。

让我们先把黄蜂的路线画出来。从题目中可知，开始的时候，黄蜂是向正南飞了1小时，也就是飞了60分。然后它为了去花园，又向西飞了45分，这与原来所飞的方向就成了直角。最后，它从花园直接出发，走最短的距离回了巢，可见它回巢的路线是一条直线。至此，黄蜂的全部路线就已经出现在纸上了（图115）。

从图115可以很明确地看出来，这是一个直角三角形，我们将它的顶点标记为ABC。其中边AB和BC是已知的，先求出AC。

根据几何学的勾股定理，如果直角三角形的一条直角边是某个量的3倍，而另一条直角边是某个量的4倍，那么最后一条边就是某个量的5倍。我们来举个例子。

如果某直角三角形的两条直角边各为3米和4米，那么斜边就是5米；如果两条直角边分别为9米与12米，则斜边就是15米；以此类推。

在本题中，黄蜂路线的两条直角边BC和AB分别为$\frac{3}{4}$小时=45分和1小时=60分，可以视为3×15分与4×15分，因此斜边AC为5×15分=75分=$1\frac{1}{4}$小时。

图 115

计算黄蜂这一次远游所用的时间，只需要计算最后一个加法：

$$飞行在半路的时间+在中途歇脚的时间=总时间$$

其中，飞行的时间为：1小时+$\frac{3}{4}$小时+$1\frac{1}{4}$小时$=3$小时

歇脚的时间为：$1\frac{1}{2}$小时+$\frac{1}{2}$小时$=2$小时

总时间=3小时+2小时=5小时

20. ☆古老的卡法汉市

根据题目，已知牛皮面积为4平方米=400万平方毫米，皮条宽度为1毫米。我们假设蒂顿娜公主采用螺旋切割的方法将整张整皮切成连续的一条，那么这一根皮条的总长度就是400万毫米=4千米。

4千米的长度如果围方形的土地，可以得到1平方千米，如果围圆形的土地可以围1.3平方千米。

这就是卡法汉最早的土地。

第二十章

算术的魔幻世界

1. 第11个

这是一个需要二个人才能玩的游戏。取出11根火柴（硬币等小东西都可以）放在桌上。二人轮流从这11根火柴中拿走一部分，要求是每次可以拿走的数目不能多于3根。拿到最后一根的人是失败方。如果你想每次都赢，该怎么做？

2.9 个数字

这样游戏也是需要二个人才能玩的。甲、乙两人轮流在九宫格（图116）中写数字。甲先选定任何一个格子，在其中写下1到9中任何一个数字。然后乙也选一个格子，也写下1到9中任何一个数字。但要保证甲再写数字时，不论把数字写在哪个格子，其所在行、列或对角线上的数字之和都不能是15。甲再写时，要求也是一样的。先使某一

图 116

行、列或对角线上的数字之和等于15的人获胜。若没有人做到，那么填写最后一个格子的人获胜。关于这个游戏，你有没有什么必胜的技巧呢？

3. 最后一根

这个游戏同样是二个人玩的游戏。取出32根火柴放在桌上，二人轮流从这些火柴中随意取走几根，要求是每人每次取走的火柴数目不能大于4根。拿到最后一根火柴的人获胜。怎样才能做到每次都拿到最后一根？

4. 改变规则

这个游戏和之前那个游戏一样，同样的32根火柴，玩儿法也一样，但胜负的规则需要进行一下改变：拿到最后一根火柴的人不是获胜方，而是失败方。这一次，你该怎样保证必胜呢？

5. 偶数获胜

这个游戏依旧是二人玩的游戏。这次是27根火柴，同样是轮流取走不多于4根火柴，但胜负的规则发生了改变。这一次的获胜标准是：游戏结束时，看两人手中各有多少火柴，如果是偶数根，就可以成为胜利方。在这个游戏中，第一个拿火柴的人是占有主动权的，只要他能灵活地计算好每一次取走的火柴数目，就可以获得胜利。你能破解他的秘诀吗？

6. 改为奇数

这一次的游戏还是两个人玩的。我们将规则调整一下，让最后手里火柴数目为奇数的人获胜。在这种情况下，该如何做常胜将军呢？

7. 旅行游戏

这个游戏可以由几个人一起玩。让我们先准备几个道具：首先是一块画有旅行路线的厚纸板，再准备一个骰子，最后要给每人准备一个标志性的小物件。

厚纸板最好是尺寸比较大的正方形形状（图117），在纸板上画10 × 10 = 100个大小相等的方格，并填上从1到100总计100个数字。然后像图中那样画好箭头。如果没有骰子，也可以用橡皮或粉笔、木板等自制一个，加工成长、宽、高都是1厘米的正方体，并在6个面上写好1至6总计6个数字。当然也可以像真正的骰子那样，在每个表面上画相应数目的圆点。接下来是个人的标志物，可以是形状不同或者颜色不同的小物体，每人一个。

现在可以开始了。大家每人一次轮流掷骰子，掷到数字几，就把标志物向前移动几个数字。比如掷出6，就移动6个数字。如果恰好把标志物移到了箭头起点所在的格子，那么就要把它继续移到箭头终点所在的格子里去——显然，有时候是前进，有时候是后退。

胜利者是第一个走到第100个格子的人。

图 117

8. 10 个数字谜语

下面我们来做猜数字的游戏。这里有10个题目，你按照每一个题目的要求在心里想一个数字，然后像题目中说的那样进行运算。我一定能猜到你的计算结果，你相信吗？并且我可以肯定，如果你的结果和我猜的不一样，那肯定是你错了。有没有兴趣试一下？

第一题

想一个小于10并且不等于0的数字。把它乘以3再加2，然后再乘以3，并且把你所想的那个数字加上。求出的结果去掉首位数字，然后把剩下的数字加2，再除以4，最后加上19。

☆结果一定是21！

第二题

想一个小于10并且不等于0的数字。把它与5的乘积翻一倍，然后加上14，再减8。求出的结果去掉首位数字，然后把剩下的数字除以3，加上10。

☆结果一定是12！

第三题

想一个小于10并且不等于0的数字，把它与29的和去掉最后一位数字，然后把剩下的数字乘以10，再加4乘以3减2。

☆结果一定是100！

第四题

想一个小于10并且不等于0的数字，把它与5的乘积翻一倍，然后减去你心里所想的数字。把结果的各数位上的数字加在一起再加2，接下来将得数自乘后减10再除以3。

☆结果一定是37！

第五题

想一个小于10并且不等于0的数字，把它与25的乘积加3再乘以4。得出的结果不论是几位数，把首个数位上的字母划掉，并将剩下的数自乘。求出得数后，将各数位上的数字相加，最后再加7。

☆结果一定是16！

第六题

想一个两位数，用它与7的和减去110再加15，将求出的结果除以2后再减9乘以3。

☆结果一定是100！

第七题

想一个小于100的数，将它与12的和减去130再加5。然后加上心里所想的数字，把得到的结果与7的乘积减去1，最后加上30。

☆结果一定是40！

第八题

想一个不等于0的数，将它乘以2后加1再乘以5，得出的结果只留末位上的数字，其余都不要。把留下的末位数字自乘，求出得数后将各数位上的数字相加。

☆结果一定是7！

第九题

想一个小于100的数，用170减去这个数与20的和，把差数减6，再加上心里想的这个数字。把得数各数位上的数字相加，再将结果自乘后减1，除以2，最后加上8。

☆结果一定是48！

第十题

想一个三位数，将它写两遍，写成一个六位数。用这个六位数除以7，再除以心里想的三位数，用商除以11再乘以2，将结果的各数位上的数字相加。

☆结果一定是8！

怎么样？我猜对了吗？如果与你的结论不一样，那就要请你再检查一下自己的计算过程喽。

9. 接受挑战

这一次我来猜猜你心里想的数字。无论你请多少人一起来到我面前向我挑战，无论你们与我距离有多远，这都不是问题，只要你在头脑里想一个数字，并把它进行一些运算，我就能知道结果。不信的话，我们就来试试吧。

现在，对就是现在，请你在心里想一个数字。注意我说的是数字，不是数，数字只有10个，数却是无穷尽的。这是两个不同的概念。好了，如果你已经想好了。就把它乘以5，一定不要乘错，不然我们就没办法继续了。相信你已经乘好了，那么把得到的数字乘以2，再加上7。算出结果了吗？现在，把这个得数的第一个数字去掉，只剩后面的一位就可以了。好，现在把留下的数字加4，减3，再加9。

你把这些都计算好了吗？如果计算好了，那么听听我说的答案是否正确！我认为，你的计算结果一定是17！怎么样？和你的计算结果不一样吗？不然我们再来试一次？

好，那么就再试一次。

还是先想好一个数字。你应该想好了，那么把它用3乘两次。乘好了吗？如果已经乘好了，就把得到的积加上你刚刚心里想的那个数字，然后再加5。现在你一定得到了一个新的结果，那么还是只留下最后一个数位上的数字，其他的都划掉。划好了对吗？好的，现在我们把留下的数字加上7，再减去3，最后加上6。

好了，我们又要对答案啦！还是我先说好不好？我说，你的结果一定是15！这次对不对？

如果还是说不对，那我敢肯定是你错了。你的计算过程一定有问题。不然我们再试一次。

再想一个数字。想好了吗？现在把它乘以2，再乘以2，再乘以2。可以继续了吗？好，下面把刚刚得到的数加上你心里想的那个数字，再加一次你心里想的数字，然后加上8。现在，把你的计算结果只留下最后一位数字，将它减掉3，最后加上7。我敢肯定，你的结果是12！

好了，这样的游戏即使做上一千遍一万遍，我还是可以猜对的，完全不会失误。为什么呢？

其实你应该知道，这本书里所写的一切，都是我在书被印出来的好几个月之前就已经写好了的。可以说，我想出的这些数，是在你们想好之前就已经想好了的。这说明什么呢？这说明，事实上我所猜出的这些数，和你们心里想的数根本一点关系都没有。

你知道这到底是怎么回事吗？

10. 你想我猜

这次请你在心里想一个三位数。是的，三位数。只在心里想就可以了，不要告诉我。

现在请把你想的这个三位数的后两位数字放在一边，先把第一位数字乘以2再加上5，然后乘以5。接下来，把上面的结果加上你想的那个三位数中的第二个数字，然后乘以10。最后，用刚刚求出的积，加上你想的那个三位数的最后一个数字。

现在，只要你告诉我你的结果，我就能立刻写出你所想的那个三位数。

你不说也不要紧，我可以为你做个假设。假设你想的数字是387，那么按照我刚才所讲的计算过程，你应该进行了下面的运算：

（1）用第一位数字乘以2加5再乘以5：

$$（3×2+5）×5=（6+5）×5=11×5=55$$

（2）将上面的结果加上第二位数字再乘以10：

$$（55+8）×10=63×10=630$$

（3）用上面的结果加上第三位数字：

$$630+7=637$$

如果你告诉我，你的计算结果是637，我一定会告诉你，你想的数字是387。或者可以说，不论你说的结果是什么，我都可以破解你心里想的那个三位数。

现在轮到你猜了，你猜我的诀窍是什么？

11. 数的魔术

你可以把心里想的数加1再乘以3，然后再加上1，最后加上你想的那个数，算好后把结果告诉我。

我得到你的计算结果后，把它减去4，再除以4，就一定能得到你想的那个数。

比如你想的数是12，你的计算过程是这样的：

$$12+1=13；13×3=39；39+1=40；40+12=52$$

当我知道你的计算结果是52时，我再进行这样的计算：

$$52-4=48；48÷4=12$$

你看，12恰好是你想的数字。为什么会这么巧？

12. 画掉的数字

如果你请同伴来和你做一个数字游戏。

首先，你请他在心里想一个多位数，并把它写在纸上。当然，不能让你看到。

让你的同伴把组成这个数的各个数字随意地改变顺序，并与原数做个比较。接下来请他用两个数中较大的一个减去较小的一个，求得差数后，去掉任何一个不是0的数字。最后，请他把剩下的数字随便按什么次序告诉你。

我们举个例子。

比如他想的数字是3 857。然后按照你的要求进行了下面的处理：

先打乱各数字的顺序：将3 857变成了8 735。

然后用大数减小数：8 735-3 587=4 878。

再然后画掉了一位数字：他画掉的是7。

最后他把剩下的数字随意按下面的顺序告诉了你：

$$8——4——8$$

根据他说的这几个数字，你能立刻猜出他画掉的数字是什么。

你知道该怎么做吗？

13. 猜生日

现在我来教你一个方法，猜出别人的生日。

随便请一位朋友——前提是你不知道他的生日，请他把自己的生日写在纸上，记住，只写月份和日期就可以了。

然后，你请他进行下面的计算：

用日期数乘2再乘10，然后加上73，再乘以5；

将上面的结果加上月份数。

最后，请他把计算结果告诉你。你可以立刻说出他是几月几日出生的。

还是来举个例子。比如你的朋友出生于8月17日。于是他写下了8和17，然后进行了下面的运算：

$$17 \times 2=34$$
$$34 \times 10=340$$
$$340+73=413$$
$$413 \times 5=2\ 065$$
$$2\ 065+8=2\ 073$$

现在，你的朋友告诉你，他的计算结果是2 073。你可以立刻宣布，他出生于8月17日。

　　想拥有这样神奇的"魔力"吗？那么应该怎么做？

14. 猜人数

　　这一次请一位你不算太了解的朋友，至少你应该不知道他有哪些家庭成员，比如有几个兄弟和几个姐妹。因为我们要做的新游戏，是猜出对方的家庭成员人数。

　　你请他配合你做这样的运算：将他的兄弟人数加上3，再乘以5，然后加20；用得数加上姐妹的人数，最后再加5。让他告诉你他的计算结果，你可以立刻说出他有几个兄弟和几个姐妹。

　　还是举个例子。比如你的朋友有4位兄弟和7位姐妹，这真是个好大的家庭。你的朋友按照你的要求做出了下面的运算：

$$4+3=7$$
$$7 \times 5=35$$
$$35+20=55$$
$$55 \times 2=110$$
$$110+7=117$$
$$117+5=122$$

　　当他把122告诉你时，你就可以立刻说出他有4个兄弟和7个姐妹了，我相信他一定会极为震惊的。

　　你怎样才能拥有这个本领呢？

15. 猜人名和电话号码

　　现在我们要来变一个令人感觉不可思议的"魔术"，还是需要你的一位朋友来配合。

　　请你的朋友随意写出一个三位数，我们假设他写的是648。然后请他把组成这个三位数的三个数字打乱次序，变成一个新的数字，再与原数做个比较。

　　做完这一切，将新旧两个数字用大数减小数，得出一个新的三位数，如果差是两位数，就在前面加个0。

比如他得到的新数是846，那么大数减小数：846-648=198。

接下来，再请他把组成这个差的三个数字也改变次序，再得到一个新数，并把两个数相加。

比如他把198变成了891，那么198+891=1 089。

当然，这只是我们的假设，因为他的计算过程你是不能看的，你只是为他提供规则。

当你的朋友计算出得数后，并不需要他把得数告诉你。你请他把得数的最后一位去掉，仅留下前三位，然后递一本电话号码簿给他，请他翻到留下的三位数的页数上。比如我们举的例子中，计算结果去掉最后一位，剩下的数字是108，那么就翻到第108页。

他一定记得刚刚从结果中去掉的最后一位数字是什么，那么就请他在翻到的那页电话号码簿上，数出排在他去掉的那位数字位置上的用户。比如他删掉的是9，就数出第9位电话用户。

现在，见证奇迹的时刻到了。

当他找出那位用户时，你能立刻说出这位用户的姓名和电话号码！

你的朋友一定惊呆了！

怎么样？这个本领棒不棒？那么你该怎么做呢？

16. 记忆魔术

魔术师总会做出令人惊叹的表演。比如有的时候，他们会表现出可怕的记忆力，不论多长的词句或数字，他们都能记得一清二楚。其实，这并没有那么高深莫测，你完全可以表现出同样可怕的记忆力，令你的朋友们惊叹不已。

我来给你介绍一种类似魔术的表演过程：

首先准备50张简单的卡片，并按245页的式样，在每张卡片上填写数字和字母。当你写完后，每张卡片上就都有一串很长的字了，甚至每张卡片的左上角还都标有用字母或字母和数字做成的标记。

接下来，把这些卡片分给你的朋友们。你完全可以胸有成竹地告诉他们，你能记得每一张卡片上所写的数。他们一定不敢相信，所以会要求亲自见证一下。然后，你请他们，任意抽出一张卡片，告诉你那张卡片的左上角写着什么标记。然后，你就可能立刻说出那张卡片上所写的一长串数字了。比如他说那张卡的左上角标记着"E"，你立刻就可以告诉他，卡片上的数是：10128224。

每一张卡片上的数字都很长，何况还是50张！你的朋友们想不惊奇都不可能！但事实上，你根本没有费什么脑筋去背诵卡片上的数字。但这其中的秘密何在呢？

17. 奇怪的记忆力

又到了你的表演时间。你取出一张纸，用笔在上面随便地写一大串数字，比如20个，或者25个。然后，你把那张纸递给你的朋友们，告诉他们你能一个字不差地挨个把那些数字说出来。说实话，那些数字的排列顺序看起来完全没有什么规律，但最终你完美地做到了这一切，得到了朋友们的称赞。

这一次，你又是怎么做到的呢？

A	B	C	D	E
24 020	36 030	48 040	51 050	612 060
A^1	B^1	C^1	D^1	E^1
34 212	46 223	58 324	610 245	712 256
A^2	B^2	C^2	D^2	E^2
44 404	56 416	68 428	7 104 310	3 124 412
A^3	B^3	C^3	D^3	E^3
54 616	66 609	786 112	8 106 215	9 126 318
A^4	B^4	C^4	D^4	E^4
64 828	768 112	888 016	9 108 102	101 282 224
A^5	B^5	C^5	D^5	E^5
750 310	870 215	990 120	10 110 025	11 130 130
A^6	B^6	C^6	D^6	E^6
852 412	972 318	1 092 224	11 112 130	12 132 036
A^7	B^7	C^7	D^7	E^7
954 514	1 074 421	1 194 328	12 114 235	13 134 142
A^8	B^8	C^8	D^8	E^8
1 056 616	1 176 524	1 296 432	13 116 340	14 136 248
A^9	B^9	C^9	D^9	E^9
1 158 718	1 278 627	1 398 536	14 118 445	15 138 354

18. 神奇的正方体

如果你的手工还可以，那么试着用硬纸板做几个正方体。比如做4个，像图118中所示的那样，每个正方体都要在各个面上分别写上1到6这6个数字。做好后，你就可以给你的朋友们表演新的魔术了！

你把这4个正方体交给你的朋友们，请他们在你出去的时候，把这些正方体垒在一起。交代完规则后，你独自一人来到屋子的外面，等朋友们摆好后，你再返回屋子里。当你第一眼看到朋友们叠好的正方体时，就能立刻说出这些正方体被叠住的各面上的数字之和。

图 118

比如当你的朋友们用了图118上所显示的摆法，你就可以立刻说出被叠住的各面上的数字之和是23。

这是完全正确的。

19. 小洞中的数字

准备7张卡片，然后按照图119所显示的方法，在每张卡片的相应位置填好数字，并把画方框的位置剪成小洞。最后一张是空白的，但也有小洞，按照图上的显示去做。

做完这一切之后，把前面6张写有数字的卡片交给你的朋友，请他在这些卡片中选取任意一个数字记在心里，然后请他把写有那个数字的所有卡片再交还给你。

你把朋友交给你的卡片整齐地叠在一起，将那张无字的卡片放在最上面。接下来你要做的，就是在心里把在无字卡片的小洞中看到的数字加在一起，得出的结果就是你的朋友记在心里的数字了。

你能感受到这个魔术为你带来的称赞，但你恐怕难以凭自己的能力解答其中的奥秘。

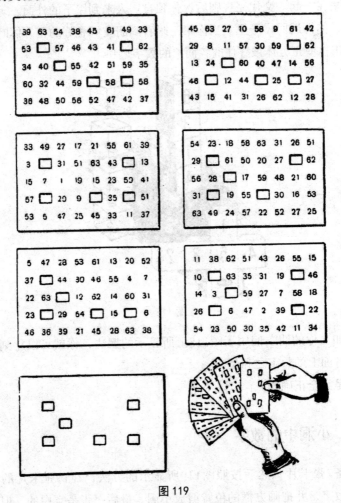

图 119

这个魔术的玄机其实在于卡片上数字的选择，但我在这里就不再详述了。我曾为数学基础比较好的读者写过一本《趣味习题》，书中详细地讲解了这个问题，以及这个魔术的各种变形。如果你有兴趣，不妨把这本书找来看一看。

20. 未写出的数之和

一道三个数相加的算式，只写出其中一个加数，你就可以猜这个算式的结果。这个魔术听起来似乎有些不可思议，但你的确可以做到。

请你的朋友随便地写出一个多位数，用它来做第一个加数。我们假设这个数是84706。第二和第三个数字的位置先空在那里，这时候，你就可以立刻写出三个数字之和是184705了。

第一个加数　　84 706
第二个加数
第三个加数
三个数的和　　184 705

在你写出和数之后，由你的朋友写上第二个加数，这个加数应该和第一个加数的数位相同。第三个加数则要由你亲自填写了。

第一个加数　　84 706
第二个加数
第三个加数　　69 514
三个数的和　　184 705

很显然，这和你提前写下的和数是一样的。
这又是如何做到的呢？

21. 起底数字迷信

革命前的俄国，非常流行数字迷信。尽管这样的迷信没有任何依据，却丝毫不能阻挡它们在当时的社会上蔚然成风。屠格涅夫曾在一篇小说中描述了当时的社会风气下人们的生活，小说中的主人公因为数字上的偶合，自认为得不到拿破仑的承认，在他自杀之后，人们从他的衣服口袋里翻出了一张纸。下面是这张纸上的内容：

拿破仑	伊丽雅·且各列夫
1769年8月15日生	1811年1月7日生
1 769	1 811
15	7
8	1
共计1 792	共计1 819
1	1
7	8
9	1
2	9
共计19	共计19

拿破仑	伊丽雅·且各列夫
1825年8月5日去世	1834年7月21日去世
1 825	1 834
5	21
8	7
共计1 835	共计1 862
1	1
8	8
3	6
5	2
共计17	共计17

这种类似的数字迷信，一战初期也曾经流传较广，当时甚至有人期待借助这种方式来预测战争的胜负。比如1916年，瑞士的报纸就曾做过这样的报道，以此预测德国和奥匈帝国皇帝的命运：

	威廉二世	弗朗茨·约瑟夫
出生年	1 859	1 830
登皇位年	1 888	1 848
年龄	57	86
统治年数	28	68
共计	3 832	3 832

你可以在这个报道中看到，两个人的和数是完全一致的，而且这两个相同的和都是1916年的2倍。根据这个结论，人们纷纷议论说，这一年是两位皇帝的大凶之年，预示着他们将在这一年灭亡……

但是，这种说法真的有科学依据吗？答案是否定的。上面这两个例子根本就不属于数字上的偶合现象，这根本是人们的愚蠢引发的恐慌。事实上，这种算式破绽百出，只要随意改变一下各行计算的位置，这种神秘感就立刻不见了。但遗憾的是，人们被迷信冲昏了头脑，根本没有人能够冷静下来想一想。

我们试着来进行一下这样的尝试，把各行的次序改成下面的样子：

出生年

年龄

登皇位年

统治年数

改好后，我们再来看一下。把人的出生年加上他的年龄，应该恰好得到进行这种计算的那一年。所以如果把两位皇帝登上皇位的那一年，加上他的统治年数，得到的肯定也是计算的那一年。所以，分别用两位皇帝不同的四个数字加出同样的得数，这没什么稀奇的。而那些被迷信的人们发挥出来的想象，可见是不可理喻的。

根据上面的分析，我们不妨再来表演一个数学魔术。如果你能请一位恰好不知道这个秘密，并且和你也不太熟悉的朋友来配合你就最好不过了。

请他背着你在纸上写出自己的出生年份、进厂或入学年份、年龄、工龄或学龄，这4个数。因为你和他并不熟悉，所以这些数字你根本不可能知道。但你能轻而易举地猜出这4个数字之和，这足以让这位朋友吃惊了。尽管事实上你只不过把表演魔术时的年份乘以2罢了。

需要注意的是，这个魔术表演次数不能太多，否则容易暴露这个秘密。如果一定要表演很多次，那就需要机敏地应付了。比如在这4个数字之间再加一些你所知道的数字，这样每次的答案都不一样，就不会被轻易地破解了。

揭秘：你的答案正确吗

1. ☆第11个

你最好是先走的一方，第一次你要取走2根火柴，留下9根。这样对方无论取走几根，你再次取火柴的时候都能只留下5根，这并不难。接下来，无论你的对手会取走几根，你都可以准确无误地只给他留下1根。用这个方法，完全可以保证每次都赢。

如果你是后走的一方，那么，就祈祷你的对手不了解这个秘密吧。

2. ☆9个数字

首先可以确定的是，如果你想要胜利，就必须从数字5开始填起。那么下面我们用三种方法来讨论"数字5填在哪个格子里"这个问题。

第一种 把5写在正中间的方格里。接下来，你的对手把数字写进哪个方格，你就把下一个数字写在与它同行的某个空格里。我们假设对方写的数字是x，那么从第二次起，你每次要写的数字就应该是$15-5-x$，也就是$10-x$，这肯定属于1~9之间的一个，完全符合题目的要求。

第二种 把5写位于角上的方格里，例如左上角。你的对手会选择方格x或y。如果他写的数字是x，你就写$y=10-x$，如果他写的是y，你就写$x=10-y$。

第三种 把5写在某一边中间的方格里。接下来，你的对手所选的方格很可能是x、y、z、t中的一个。如果对方填的是x，你就要填$y=10-z$；如果对方填的是y，你就要填$x=10-y$；如果对方填的是z，你就要填$t=10-z$；如果对方填的是t，你就要填$z=10-t$。只要你灵活地运用这种方式，那么在这四种情况下，你都会是胜利的一方。

3. ☆最后一根

想要每次都拿到最后一根，这有什么难的？现在我从个游戏反着玩儿一次，你就会知道诀窍了。

可以确定的是，想要拿到最后一根，你只需在你走倒数第二步的时候，只留下5根火柴。这么做的理由是，每个人每次能取走的火柴数不能大于4，那么他无论在最后的5根火柴里拿走几根，你都能把剩下的全拿走。

关键是，你要怎样才能保证在走自己的倒数第二步的时候，一定可以只给对方留下5根火柴呢？这也不难，只要你在自己的倒数第三步只留下10根火柴就可以了。这样对方无论在这10根火柴里取走几根，剩下的都不会少于6根，你很容易就能只留下5根了。

问题又来了，你要怎样才能只留下10根火柴呢？只要你在自己的倒数第四步只留下15根火柴。

现在你可以找到规律了，每退后一步，就要加5根。倒数第五步是20根，然后是25根、30根。火柴一共有32根，现在还剩下2根。

我们再把顺序正回来，从第一步说起。根据刚才的分析可以知道，第一步一定要只走2根。然后无论对方取走多少，你第二步只留下25根，下一次是20根、15根、10根、5根。最后一根火柴就这样属于你了。

4. ☆改变规则

同样是前面的游戏，改为拿到最后一根火柴的人失败。这就需要你在走每一步时，都留下比前一种方法多1根火柴。比如倒数第二步要留6根，这样不论对方拿走几根，留下的都不会少于2根，当然也不会多于5根，最后一根绝对会属于他了。

根据这个原则，你在第一步时应该只取走1根火柴，你每一步要给对方留下的数字应该分别是31根、26根、21根、16根、11根、6根、1根。

你依然是必胜的。

5. ☆偶数获胜

找出这个游戏必胜的秘诀，这比前面的32根火柴的游戏要难度大一点。我们分不同的情况进行一下探讨：

如果你在游戏结束之前，手里的火柴是奇数，那么你应该留下5根火柴给对方。这样的话，不论对方给你剩下几根，你都只给他留1根，你就赢了。

如果你在游戏结束之前，手里的火柴是偶数，你就要给对方留下6根或7根。接下来呢？如果对方给你剩下6根火柴，你就拿走1根，这时你手里的火柴就是奇数，而给他留下的是足以令他失败的5根火柴。但如果他剩下的是5根，你就拿走4根，这也是必胜的。如果他剩下4根，你就全拿走，胜利还是你的。假如他剩下3根，你就取走2根，又是你赢了。当然，如果他剩下2根，还是你赢。如果他想留下更少的，那就由不得他了。

现在我们已经找到破解这个游戏秘密的方法了。

如果你手里的火柴数目是奇数，你每次给对方留下的火柴数就应该是23根、17根、11根、5根，这些数的共同点是比6或6的倍数少1根。如果你手里的火柴是偶数，你每次给对方留下的火柴数就应该是25根、19根、13根、7根，这些数的共同点是比6或6的倍数多1根。所以，在第一步的时候，你就要从全部的27根火柴中取走2根或3根，然后按照上面的规则继续走下去就可以了。这是你保持胜利的秘诀，小心被对手猜到哦。

6. ☆改为奇数

现在规则又变了，改为最后拥有奇数根火柴的一方取胜。应对的方法是这样的：

如果你手里的火柴数是偶数，每次给对方留下的火柴数要比6与6的倍数少1根。如果你手里的火柴数是奇数，每次给对方留下的火柴数要比6与6的倍数多1根。

开始的时候，你手里的火柴数是0（0在这里按偶数计算），那么你应该先拿走4根，留下23根。

8. ☆10个数字谜语

第一题中，我们假设对方心里想的数是a，那么对方所进行的前半段计算是这样的：（$3a+2$）×3+a=10a+6

这个算式的答案10a+6有两项，即10a和6。题目中要求划掉第一位的数字，这也就把心里想的那个数字划掉了。接下来的事情当然没有了任何难度。下面的第二、三、五、八题全部都是这种方式的各种变形。

而第四、六、七、九题却是用另外的方法划掉心里想的数字。比如第九题，我们同样假设对方想的数是a，那么他的运算是这样的：170－（a+20）－6+a=144。解出这个方程你就明白了。

第十题使用的方法最为特殊。把一个三位数写两遍，写成一个六位数，这相当于把那个三位数乘以1001。比如356×1 001= 356 356。但1 001这个数字，我们可以把它看成7×11×13。这时，我们再次假设对方心里想的数字是a，算式就是这样的：$\dfrac{a \times 1\,001}{7 \times a \times 11}$=13。你瞧，心里想的数又被消掉了。

现在已经可以肯定这类游戏的问题所在了，关键就在于在运算的过程中，就把心里所想的那个数字消掉。知道了这个秘密，你完全可以自己编一些新的数字谜语出来了。

9.☆接受挑战

如果你想弄明白我是怎样做到每次都猜对的，那么就和我一起来回忆一下我要你做的那些运算吧。

第一次，我要你把心里的数字乘以5再乘以2，这相当于把心里的数字乘以10（5×2=10），当然，这也就意味着目前得到的数，结尾一定是0。然后你按照我的要求，把这个数加上7，你照做了，而此时我已经知道你现在所拥有的数是个两位数，并且末位是7，首位我不知道，于是我要你把首位数划掉了。那么现在你所拥有的数字还剩下什么呢？当然只剩下了我所知道的7。但我并没有向你宣布这个结果，为了分散你的注意力，我要了个小把戏，又让你进行了一些其他的简单运算，当然在你计算的同时，我的脑子里也在算，然后我宣布了17这个结果。而这个数字肯定和你得到的一模一样，不管你最初想的数字是什么。

第二次，我换了方法。同样的方法我当然不会一直用，否则会露馅的。首先我让你把心里想的数字乘了两次3，再加上你想的数字。事实上这相当于把所想的数字乘以10（3×3+1=10）。现在你算出的得数又变成结尾是0的数字了，我可以从这里开始故伎重施。我又让你随便加一个什么数，再划掉首位我不知道的那个数字，然后又让你进行了一些简单的运算，以避免露出马脚。

第三次其实也一样，只是我又换了个花样。我让你把心里的数乘三次2，再把心里想的数加两遍。事实上这又相当于让你把心里的数乘以10（2×2×2+1+1=10），然后你懂的，就算你想的数字是1或0，都没有问题。

了解了这些，你在进行这种游戏的时候，丝毫不会比我逊色。现在你也可以接受那些没有读过这本书的朋友发起的挑战了。当然你也可以自己想出一些独特的方法，要知道这根本不是什么难事儿。

10. ☆你想我猜

在这个游戏里，你想了一个三位数，我很快就猜出了，我们来看看运算的过程。

首先是把首位数字乘以2再乘以5再乘以10，这相当于用这个数字乘以100（2×5×10=100）。然后又相当于把第二位的数字乘以10，第三位的数字原封未动加入了运算中。除此而外所进行的全部运算，不过是将上面的结果又加了250而已（5×5×10=250）。关于这个结论，你可以自己列式检验一下。

那么如果没有这个250呢？将这个250从你的计算结果里去掉，剩下的是什么呢？是乘以100后的第一个数字，加上乘以10后的第二个数字，和第三个数字本身。换句话说，这根本就是你原本所想的那个数字。

我是怎么猜出这个三位数的？你应该很清楚——把你的运算结果减掉250就可以了呀！

11. ☆数的魔术

认真分析整个运算过程，就会发现，最后得出的结果是心里所想那个数的4倍。因此想要知道那个数字，只需把得数除以4就可以了。

12. ☆画掉的数字

任何一个数，当用它的各数位上的数字之和除以9的时候，得到的余数，应该等于用这个数本身除以9后得到的余数。所以尽管组成两个数的数字顺序不同，但用它们分别除以9时，得到的余数是一样的。由于两个相同的余数相减后等于0，因此用这两个数字顺序不同的数相减，得到的差数就可以被9整除。

通过这样的分析，你应该知道，你的朋友在做完这道减法题后，得出的差的各数位上的数字之和，应该恰好是9的倍数。那么他告诉你那三个数字是8、4和8，你可以计算出它们的和是20。画掉的数字只能是7，因为20加上一个单位数后能被9整除，这个单位数只能是7。

13. ☆猜生日

让我先把算法告诉你。将那位朋友的计算结果减掉365，得到的数就包含着他的生日。这个数的最末两位数字是月份数，前面两位数字是日期数。我们通过这道题中的例子来分析一下：

$$2073-365=1\ 708$$

这个数字的最末两位数字08就是朋友出生的月份，前面两位数字17，就是他出生的日期数。因此他的生日是8月17日。

为什么呢？我们来做一下运算。

首先将月份数假设为N，将日期数假设为k，列式为：

$$（2k×10+73）×5+N=100k+N+365$$

这就已经很明显了，将365减掉后，余下的就是包含有k和N个单位的数了。

14. ☆猜人数

想知道这个人有几个兄弟姐妹，只需要把他的运算结果减去75就可以了。我们根据这道题目中的例子来分析：

这位朋友的运算结果是122，在这个结果中减掉75，得到的差是122-75=47。这个差的首位数字是这位朋友兄弟的人数，第二个数字是姐妹的人数。为什么这么说呢？

我们假设兄弟有a人，姐妹有b人，然后将整个过程总结为一个算式：

$$[（a+3）×5+20]×2+b+5=10a+b+75。$$

由此可知，减掉75之后，剩下的数字就是兄弟人数的10倍加上姐妹的人数了。因此十位上的数字就是兄弟的人数，个位上的数字就是姐妹的人数。

当然，这个游戏有一个局限性，就是你的这位朋友的姐妹最好不要超过9个。

15. ☆猜人名和电话号码

这个魔术说起来很复杂，但它的秘密再简单不过了。因为对方的计算结果你早就已经知道了。只要一切都顺利地按照你所要求的计算程序进行，那么不论你的朋友想到的是一个什么样的三位数，运算结果都是唯一的——1 089。所以，你只需要把电话号码簿拿过来，翻到第108页，再找到第9个用户，把他的姓名和电话号码背下来——你就是个大魔术师了！

16. ☆记忆魔术

其实，卡片上那些由数字或字母组成的标识，代表着那一大串的数字。

你首先要记住A、B、C、D、E这五个基本字母所代表的数。A代表20，B代表30，C代表40，D代表50，E代表60。将这五个字母加上不同数字，就代表了新的数，比如：A1代表21，C3代表43，E5代表65。

了解了每个标识所代表的意义，你就能按照一定的规律写出每张卡片上面的那一大串数字了。比如：

假设朋友所指的那张卡片上的标识是：E4。你立刻会知道，这个标识代表的数是64。首先你把两个数字相加，得到6+4=10。接下来把64翻一倍，变成64×2=128。第三步把64所包含的两个数字相减，得到6-4=2；第四步把两个数字相乘，得到6×4 =24。把四次求得的数字写在一起，卡片上的数字就出来了：10 128 224。

这个运算的过程总结出来就是：相加、翻倍、相减、相乘。

再来举一个例子，比如卡片上写的标识是D3。这个标识代表的数是53。下面开始计算：

$$5+3=8；53×2=106；5-3=2；5×3=15$$

卡片上写的数字肯定是：8 106 215。

再试一次：卡片上的标识为B8，这代表的数是38。计算过程为：

$$3+8=11；38×2=76；8-3=5；3×8=24$$

卡片上写的是1 176 524。

这个魔术的规则有点绕，所以不大容易被人破解，因此成功率非常高。

17. ☆奇怪的记忆力

这个答案简直是令人哭笑不得，你为什么全都知道？因为你写下的不过是一些自己熟悉的电话号码罢了。

18. ☆神奇的正方体

这个游戏的奥妙是什么？看的是最上面那块正方体顶上的数字。看到它之后，你把它从28中减去，得到的数字就是那被遮盖住的各面上的数字之和。

20. ☆未写出的数之和

对方写的第一个数84 706是五位数，那么假设把这个数字加上99 999，或者说加上（100 000-1），结果是184 705。仔细观察，它恰好是把那个五位数前面加个1，再从尾数里减掉1。这就是这个魔术的依据。

只要在心里把对方写的第一个五位数加上99 999，三个加数的和就已经出来了。因此当朋友写下第二个数字时，你只需把它的每一位上的数字用9减，作为第三个加数就可以了。在本题中，朋友写下的第二个加数是30 485，逐一用9减过的数字排列出来的新数是69 514，记住它。然后，该你写第三个加数了，写下你记住的那个数。最后来计算一下这三个数的和吧：84 706+30 485+69 514。很显然，后面两个数字的和是99 999。那么算式就变成了84 706+99 999=184 705。这和事先写出的结果是一样的。

第二十一章

变化多端的火柴

小小的一盒火柴，里面装着许多奇妙的题目，让你开动脑筋，乐此不疲。下面我们来了解这些题目中的几个，就从最简单的一个开始吧。

1. 3 个正方形

题目一　图120a由12根火柴组成，它含有4个同样大的正方形。现在你需要挪动其中的4根火柴，使图120a变成由3个同样大的正方形组成的新图形。我再强调一下：新的图形同样由12根火柴组成，可以动的火柴不多不少只有4根。

题解　图120b是本题的答案，其中虚线部分是4根火柴移动前的位置。

图 120a　　　　　图 120b

2. 原来的样子

题目二　这道题的难度略有增加。用4根火柴摆成一个图形，使它形成4个直角。我不给你看这个图形是如何摆成的，因为我需要你自己去把它摆出来。我可以告诉你的是，图形摆好后，只要移动其中1根火柴，它就会变成一个正方形。

（a）　　　　（b）　　　（c）　　　　（d）

图 121

题解　其实符合要求的答案不止一个，而解答这道题的乐趣恰在于此。

我们观察一下图121（a），4根火柴摆成大写字母"E"的形状，这个形状拥有4个直角，我们在图中将它标记为1、2、3、4。把中间的火柴挪开，竖在最右边，图案就变成了正方形。

图121（b）、（c）、（d）同样是这道题的答案，摆法一目了然，你很容易判断移动哪根火柴能够变成正方形。

我相信你一定还能想出其他的一些方案来，但出现图122中的这种似乎完全不在状况内的答案的概率应该不大。图122中，左边的小图是原始的摆法，将上面的一根火柴轻轻向上一提，使它变成右边小图的样子，你就会发现在图形的正中，四根火柴的尾部正好围成了一个极小的正方形。

图122

这个巧妙的解法的确出乎意料，但有谁能说它不对呢？题目中并没有要求必须摆一个大正方形出来，所以这个答案同样是完全正确的。

3. 更多与火柴有关的题目

前面的两道题目为我们做了一下热身，现在你应该对火柴盒里的奇妙世界有了一个大概的认识。

事实上这种题目多得很，甚至曾有一位名叫特伦豪德的德国作家，收集了200多道由火柴盒总结出来的趣题，并将它们整理成书，但这本书现在已经不能在市场上见到了。庆幸的是，我恰好拥有一本。下面我从这本书中选取约20个题目呈现在这里，我相信读者在看过之后，能够模仿题目中的方法编写出许多新的题目来。这些题中有的很容易，但有的无疑需要动些脑筋。为了能够让读者更深刻地感受胜利的喜悦，我决定不再将答案附在每道题的下面，而是把它们统统放在本章的最后了。

还是从最简单的开始：

题目三　将图123中的火柴移动2根，使它成为7个相等的正方形。再从新图形中抽出2根，使之变成5个正方形。

　　题目四　用两种方法分别取走图124中的8根火柴，使原图变成4个相等的正方形。

图123　　　　　　　　　　　　图124

　　题目五　从图125中取走4根火柴，使原图变成5个相等的正方形或5个不相等的正方形。

图125

　　题目六　取走图124中的6根火柴，使原图变成3个正方形。
　　题目七　移动图126中的5根火柴，使原图变成2个正方形。

图126

　　题目八　用5种方法分别取走图127中的10根火柴，使原图变成4个正方形。

图 127

题目九　将12根火柴组合成由3个相等的四边形和2个相等的三角形构成的图形。

题目十　从图125中拿走6根火柴，使原图变成4个相等的正方形。

题目十一　从图125中拿走7根火柴，使原图变成4个相等的正方形。

题目十二　把18根火柴摆成由5个正方形组成的图形。

下面的题目将会增加难度了：

题目十三　把18根火柴摆成由1个三角形和6个四角形组成的形状。其中四角形的尺寸有2种，每种尺寸有3个。

题目十四　把10根火柴摆成由3个面积一致的四角形组成的图形（图128）。然后取走1根火柴，使原图变成由3个新的相等的四角形组成的图形。

题目十五　把12根火柴摆成1个十二角形，让各角都变成直角。

题目十六　用2种方法从图129中拿走5根火柴，使原图变成5个三角形。

图 128　　　　　　　　　　　图 129

题目十七　　把18根火柴摆成6个面积完全相同的四角形和1个三角形组成的形状，其中三角形的面积是四角形的一半。

题目十八　　将图130中的火柴移动6根，使原图变成由6个对称的相等四角形组成的图形。

题目十九　　如果你想把10根火柴摆成由2个正五边形和5个面积相同的三角形，你应该怎么做？

最后是一道著名的火柴趣题，它应该是同类题目中最令人伤脑筋的一道题了：

图130

题目二十　　把6根火柴摆成由4个一模一样的三角形组成的图形，要求是三角形的边长各是1根火柴。

揭秘：你的答案正确吗

题目三：答案见图131。

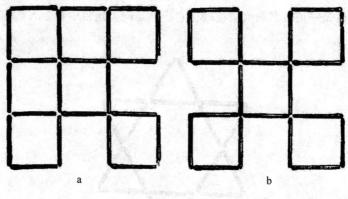

a　　　　　　　　　　　b

图 131

题目四：答案有2种，请见图132。

图 132

题目五：答案见图133。

图 133

题目六：答案见图134。　　　　题目七：答案见图135。

图 134　　　　　　　　　　　　　图 135

题目八：答案见图136。

图 136

题目九：答案见图137。   题目十：答案见图138。

图 137

图 138

题目十一：答案见图139。

图 139

题目十二：答案见图140。

图140

题目十三：答案见图141。　　　　　**题目十四：**答案见图142。

图141　　　　　　　　　　　图142

题目十五：答案见图143。

图143

题目十六：答案有2种，请见图144。

图 144

题目十七：答案见图145。　　　　题目十八：答案见图146。

图 145　　　　　　　　　　图 146

题目十九：答案见图147。

题目二十：图形是1个锥体，其底面和侧面均为三角形，见图148。

图 147　　　　　　　　　图 148